Firebase
開發實務

用Firebase建立即時web與行動app的70份食譜

作者簡介

Houssem Yahiaoui 是任職於阿爾及利亞 Xapo 的後端工程師,他在將近 4 年的職涯中,曾經用混合式(Hybrid)以及不太混合且原生(Not so Hybrid and Native)的做法來編寫後端服務到行動 app 之間的所有程式。Houssem 具備 Telerik Developer Expert 頭銜,他深信社群的力量,也是 Algeria Tech Community 開發群組領銜召集人(社群經理),亦曾經在 DevFests 與 DroidCon 等國家級與國際會議中發表演說,分享網頁技術的經驗,並深愛無伺服器做法以及 Firebase。

檢閱者簡介

Thomas David Kehoe 現在的工作是幫語言障礙診所研發口吃與其他障礙的治療技術。他對於聽覺如何影響第二語言甚感興趣,也曾經使用 Firebase、Angular 與 JavaScript 開發一些 web app。

目錄

Chapter 3：使用 Firebase 存儲來管理檔案   39

Chapter 4：Firebase 身分驗證   53

Chapter 6：以 Firebase 實作漸進增強式 App   87

Chapter 7：Firebase Admin SDK   105

Chapter 8：用雲端功能擴展 Firebase　　　　117

Chapter 9：完成後，我們來部署吧！ 133

Chapter 10：整合 Firebase 與 NativeScript 143

Chapter 11：在本機整合 Firebase 與 Android / iOS   161

Chapter 12：改造 App 227

Chapter 13：加入數據分析，將收益最大化 237

前言

簡介

無論你喜不喜歡，這個世界的開發模式已經不一樣了，它會隨著團隊甚至個人的不同而異。作為一位後端開發者，我瞭解這種急迫的需求：用真正可靠的資料庫來製作有效的身分驗證系統，讓你可以用它來保證安全，同時不會漏掉"管理誰可以操作哪塊區域"的身分驗證機制。

這種急迫性早就存在了，在行動優先的世界中，你一定要改善應用程式的安全性、維護可擴展的通知系統、以及製作優秀的使用者介面及體驗，所以改善行動 app 的功能是至關重要的任務，但即使完成上述的工作，你也有極重要的數據分析、創造收入的部分需要完成。大家都希望用簡單、輕鬆且無縫的方式來聆聽使用者的需求以及瞭解他們的不滿之處。

Firebase 用一組互聯的產品來提供上述的功能，可讓 app 輕鬆地擁有 Firebase 提供的一切。本書將許多問題／解決方案食譜分成十三章來探討各個主題，它介紹的主題都取自真實的案例，這些案例都是你開發新舊應用程式的過程中可能面對或即將面對的情況。

本書內容

第 1 章，*初探 Firebase*　說明將 Firebase 及其服務整合至各種平台與環境的程序，從前後端專案到 Android / iOS 專案。

第 2 章，*Firebase Real Time 資料庫*　介紹最常用的 Firebase 功能之一——Firebase Real Time，說明如何實作日常的資料輸入、取回以及更新，也介紹如何用更好的方式架構資料，最後介紹如何啟用所有的功能，以及離線啟用它們。

第 3 章，*使用 Firebase 存儲來管理檔案*　解釋如何用 Firebase 存儲來上傳、下載與管理檔案。

第 4 章，*Firebase 身分驗證*　介紹用 Firebase 來驗證使用者的各種方式，從傳統的身分驗證，到有異於 Facebook、Google 與 Twitter 的 OAuth 式登入程序。

第 5 章，*使用 Firebase 規則來保護應用程式流程的安全*　解釋如何用強大的 Firebase 授權規則來保護 Firebase 資料庫與 Firebase 存儲。

第 6 章，*以 Firebase 實作漸進增強式 App*　展示如何用服務工作與 Firebase 來將功能老舊乏味的 app 變成漸進增強式 app。

第 7 章，*Firebase Admin SDK*　說明如何建立基本的儀表板，以及和具備更多的授權方式且更強大 API 的 Firebase 功能互動，來管理使用者與通知。

第 8 章，*用雲端功能擴展 Firebase*　探討如何使用 Firebase 雲端功能與整合它，來與各種不同的 Firebase 產品互動，以擴展功能，並且在 Firebase 主控台內進行部署互動，來產生無伺服器架構。

第 9 章，*完成後，我們來部署吧！*　說明如何將程式部署到 Firebase Static 承載，並且使用組態設置來製作一些自訂的使用者體驗。

第 10 章，*整合 Firebase 與 NativeScript*　說明在許多平台上的 app 的 NativeScript 內使用 Firebase 的方式。

第 11 章，*在本機整合 Firebase 與 Android / iOS*　說明如何實作 Firebase 功能，包括與 Realtime 資料庫互動，以及在 Android 與 iOS 的原生環境中做身分驗證。

第 12 章，*改造 App*　說明一些可改善使用者體驗的小功能，包括邀請使用 app，以及發出符合訂閱主題的通知。

第 13 章，*加入數據分析，將收益最大化*　展示如何整合數據分析與 AdMob，用各種廣告來創造盈收。

附錄，*Firebase Cloud FireStore*　說明 Firebase Cloud Firestore 強大之處，以及它與之前的模型有哪些差異。

閱讀本書需要的工具

前十章的內容相當簡單，無論你使用哪種作業系統與程式編輯器都看得懂。

但是第 *11* 章，在本機整合 *Firebase* 與 *Android / iOS*，會開始開發行動 app，雖然你熟悉的是其他的作業系統（macOs、Linux 或 Windows），但是在開發 Android app 時，就要使用 macOS 電腦來跟著使用 iOS 的食譜一起操作。

本書對象

如果你想要在個人或公司專案中使用 Firebase 就適合閱讀這本書。本書包含眾多平台與各種開發環境，提供任何人都需要的所有知識。

我們只希望你真心願意瞭解為何 Firebase 這套互聯的工具組可以簡化開發者在建立專案或實作新功能時經常面對的問題。所以技術上來說，本書包含所有人想知道的所有內容。

編排方式

本書使用許多字體來表示各種不同的資訊。以下是這些字體的範例以及它們代表的意思。

在內文中，程式碼、資料表名稱、目錄名稱、檔名、副檔名、路徑名稱、虛擬 URL、使用者輸入，與 Twitter handle 的表示法是：" 我們終於要寫 put() 方法了。"

程式區塊的表示法是：

```
// 取得檔案參考
var rootRef = firebase.storage().ref();
var imageRef = rootRef.child('images/<image-name>.
  <image-ext>');
```

新術語與**重要詞語**會用粗體字來表示。螢幕上的字詞，例如選單或對話框內的字詞，會這樣表示：" 按下 **Upload to Firebase** 按鈕。"

這種文字區塊代表警告或重點

 這種文字區塊代表提示或小技巧。

讀者回饋

我們永遠歡迎讀者的意見,請讓我們知道你對本書的看法,無論你是否喜歡它。讀者回饋對我們來說很重要,因為它可以協助我們出版讓人獲益良多的書籍。

你可以用 e-mail feedback@packtpub.com,並在信件主旨列出書名來提供一般回饋。

如果你有任何專精的主題,而且想要成為作者或對該類書籍付出貢獻,可至 www.packtpub.com/authors 參考作者指南。

顧客支援

既然你擁有 Packt 書籍了,有一些事項可協助你因為購買這本書而得到最大利益。

下載範例程式碼

你可以到 http://www.packtpub.com,用你的帳號下載這本書的範例程式檔案。如果你在別處購買這本書,可造訪 http://www.packtpub.com/support 並在那裡註冊,我們會直接用 e-mail 寄送檔案給你。

你可以按照以下的步驟來下載程式碼檔案:

1. 使用你的 e-mail 地址與密碼在我們的網站登入或註冊。
2. 將滑鼠指標移到上方的 **SUPPORT** 標籤。
3. 按下 **Code Downloads & Errata**。

4. 在 **Search** 方塊中輸入書籍名稱。

5. 選擇你想要下載程式碼檔案的書籍。

6. 在你購買這本書的地方點開下拉式選單。

7. 按下 **Code Download**。

下載檔案之後，請使用下列程式的最新版本來解壓縮或擷取資料夾：

- Windows 的 WinRAR / 7-Zip
- Mac 的 Zipeg / iZip / UnRarX
- Linux 的 7-Zip / PeaZip

你也可以在 GitHub 的 https://github.com/PacktPublishing/Firebase-Cookbook 取得本書的程式碼壓縮包。

下載本書的彩色圖像

我們也有一個 PDF 檔案，裡面有本書的螢幕截圖與圖表的彩色圖像。彩色圖像可協助你進一步瞭解輸出資訊的改變。您可以在 https://www.packtpub.com/sites/default/files/downloads/FirebaseCookbook_ColorImages.pdf 下載這個檔案。

勘誤表

雖然我們已經非常謹慎地確保內容的準確性，但錯誤難免發生。如果你在我們的書中找到錯誤 — 或許是文字或程式碼的錯誤，我們會很感激你的回報。你的回報可免除其他讀者的困擾，並協助我們改善本書的後續版本。當你發現錯誤時，請前往 http://www.packtpub.com/submit-errata，選擇你的書籍，按下 **Errata Submission Form** 連結，再輸入你的勘誤資訊。我們在確認你送出的勘誤之後會採納它，並將勘誤上傳到網站，或加到該書的 Errata 區域底下的勘誤表中。

要查看之前被送出的勘誤表，可至 https://www.packtpub.com/books/content/support 並在搜索欄位中輸入書名。你可以在 **Errata** 區域底下找到想要的資訊。

盜版問題

在 Internet 上，擁有著作權的資源被盜版是所有媒體持續存在的問題。Packt 很認真地看待著作權與許可證。如果你在 Internet 看到我們的作品任何形式的非法版本，請立刻提供其網址或網站名稱給我們，讓我們可以補救。

請以 copyright@packtpub.com 提供涉嫌盜版的資料給我們。

我們會很感謝你的協助，因為這可以保護作者，並讓我們可以持續提供你有價值的內容。

問題

如果你對本書有任何問題，可透過 questions@packtpub.com 聯繫我們，我們將會盡力處理你的問題。

1

初探 Firebase

本章將討論以下的主題：

- 建立第一個 Firebase app
- 將 Firebase 加入既有的前端專案
- 將 Firebase 整合後端
- 將 Firebase 整合到 Android app
- 將 Firebase 整合到 iOS app

簡介

當你想在劇烈變動的 web 與行動領域中尋找合適的解決方案與技術時，速度是必須考慮的要素。從 web 到行動開發，我們如何看待 API、資料與安全，以及如何盡可能地讓使用者參與其中，是很重要的課題。

傳統的設定（setup）到雲端都產生了許多新的模式與架構。**後端即服務（Backend-as-a-service（BaaS）**）可免除大量無用的設定與組態配置，讓我們只將注意力放在應用邏輯上。

接下來要介紹的 Firebase 是一種具備大量功能的 BaaS，可讓你輕而易舉地建立很棒的專案。它可以建立伺服器端程式碼並且提供更安全、精心構築的平台，免除許多繁瑣的工作甚至大量的人力，完全改變你對簡化與擴充性的看法。

所以，繫好安全帶，我們要從建立第一個 Firebase app 開始這趟旅程。

建立第一個 Firebase app

建立 Firebase app 的過程很簡單，這個過程大部分都是視覺化的。這個食譜將要展示從頭開始建立 Firebase app 的程序。

怎麼做…

1. 如前所述，我們只要使用功能強大的滑鼠與心愛的瀏覽器就可以開始工作了。先前往 Firebase 官方網站：`https://firebase.google.com/`。下面是這個網站的截圖（圖 1）：

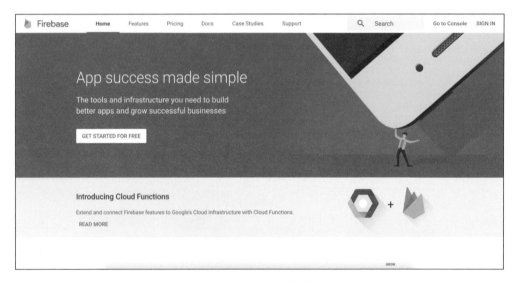

圖 1：Firebase 主畫面

2. 接著在導覽列按下 **SIGN IN** 按鈕。如下圖所示，你會看到 Google 的身分驗證網頁，並且可以在裡面選擇最適合進行開發工作的帳號（圖 2）：

圖 2：Firebase ─ Google 身分驗證

3. 選擇最適合的 Google 帳號後，你會被帶往這個連結：`https://console.firebase.google.com/`，裡面有所有的 Firebase 專案，你也可以加入新專案（圖 3）：

圖 3：Firebase 主控台

接下來我們有兩個選項：匯入 Google 專案，以及開始全新的專案。我們來瞭解如何建立新專案。

4. 按下**新增專案（Add project）**這個 + 號按鈕之後，你會看到一個填寫**專案名稱（Project name）**與**國家 / 地區（Country/region）**的畫面。請記得，**專案名稱**與**國家 / 地區**都是變數，所以你可以將它們的值改成適合你的值。下圖是建立專案的頁面（圖 4）：

圖 4：建立 Firebase 專案

5. 完成上一個步驟之後，你會跳到 Firebase 儀表板（圖 5）：

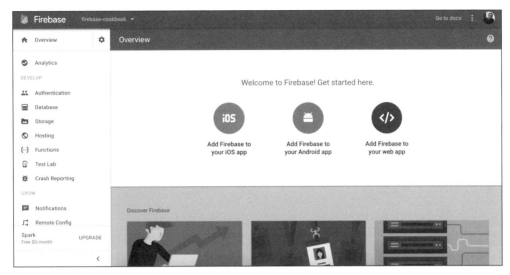

圖 5：Firebase 專案儀表板

恭喜！你已經成功建立第一個 Firebase 專案了。你可以看到這些步驟很簡單，而且可用於你現在或未來建立的任何 Firebase 專案。

將 Firebase 加入既有的前端專案

由於 Firebase 實際上是提供服務的後端平台，所以現在的開發人員不想要親手建立後端並不是件奇怪的事情。他們想把所有的注意力都放在前端，這也是現今無伺服器架構的主要構想。

怎麼做…

為了將 Firebase 完全整合到以 .html、.css 與 .js 組成的前端專案，我們要採取以下的步驟：

1. 打開你習慣使用的程式碼編輯器，輸入以下內容：

    ```
    <script
      src="https://www.gstatic.com/firebasejs/3.9.0/firebase.js>
    </script>
    <script>
    ```

```
// 初始化 Firebase
// 待辦事項：換成你的專案的自訂程式碼片段
var config = {
    apiKey: "<API_KEY>",
    authDomain: "<PROJECT_ID>.firebaseapp.com",
    databaseURL: "https://<DATABASE_NAME>.firebaseio.com",
    storageBucket: "<BUCKET>.appspot.com",
    messagingSenderId: "<SENDER_ID>",
};
firebase.initializeApp(config);
</script>
```

剛才做的事情是從 Firebase 的 CDN 匯入它的核心程式庫，並且使用 Firebase 提供的組態設置物件來將它初始化。

2. 接下來，我們要從 Firebase 專案儀表板抓取預先填寫的組態設置表單，步驟很簡單 — 登入你的 Firebase 專案（圖 6）：

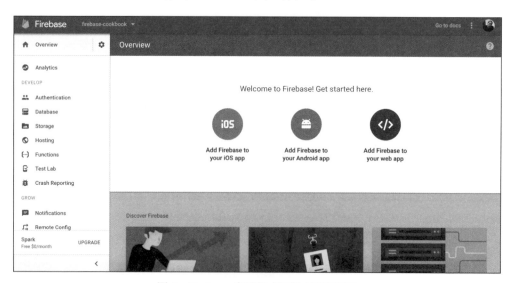

圖 6：Firebase 應用程式概觀 / 管理畫面

3. 按下洋紅色的按鈕 — 將 **Firebase** 加入您的網路應用程式（**Add Firebase to your web app**），你會看到一個新畫面，裡面有所有必要的詮釋資料（metadata）（圖 7）：

圖 7：Firebase 專案憑證

4. 複製畫面中的程式片段並貼到你的 index.html 網頁之後，即可關閉網頁。

恭喜你，你已經成功地將 Firebase 整合到 Firebase 專案裡面了。請記得，Firebase 的服務相當模組化，所以你不會有大量厚重的依賴項目，只需要使用一種（或最多四種）資源即可。

在下一個模組中，我們要瞭解如何將 Firebase 與後端 app 整合。

工作原理

我們在上一個步驟透過網頁來整合 Firebase JavaScript 用戶端，並且建立基本的骨幹組態配置。我們也按照文件的指示，複製並貼上存有必要的安全令牌（token）和 API 金鑰的組態腳本，之後 Firebase 需要用它們來支援我們的功能。

將 Firebase 整合後端

Firebase 是個可完全取代後端的完整解決方案，但是有時因為某些需求，你需要將 Firebase 整合至既有的後端。

此時，我們要在一個 NodeJS 後端應用程式中整合 Firebase 服務。

怎麼做…

因為我們使用 NodeJS，整合 Firebase 只需要做一個模組設定：

1. 直接在終端機（Windows 的 cmd）輸入下面的命令：

```
~ cd project-directory
~/project-directory ~> npm install firebase --save
```

   上面的命令會將 Firebase 下載到本地端，讓你可以用一般的 commonJS 工作流程直接使用它。

2. 接著要抓取 Firebase 專案的組態設置。這個步驟比較簡單，因為你可以採取上一節將 *Firebase 加入既有的前端專案*介紹的步驟來找到組態詮釋資料。

3. 用你喜歡的程式編輯器輸入這些內容：

```
// [*] 1: 在工作流程中 require 及匯入 Firebase
   const firebase = require('firebase');

// [*] 2: 用憑證來初始化 app
      var config = {
      apiKey: "<API_KEY>",
      authDomain: "<PROJECT_ID>.firebaseapp.com",
      databaseURL:
        "https://<DATABASE_NAME>.firebaseio.com",
      storageBucket: "<BUCKET>.appspot.com",
    };
   firebase.initializeApp(config);
```

恭喜！你已經成功地將 Firebase 整合到後端工作流程了。附帶一提，我們也可以使用一種叫做 Firebase Admin SDK 的東西來擴展既有的工作流程，*第 7 章*，*Firebase Admin SDK* 會討論如何整合以及使用它。

工作原理

類似前端整合，我們在後端做這些事情：

1. 使用 node package manager，也就是 npm 來安裝 Firebase `commonJS` 程式庫，它裡面有所有必要的 API。

2. require / 匯入 Firebase，讓它成為 app 的一部分，將它傳給一個組態物件，這個組態物件會保存所有的 API 金鑰、連結及其他資訊。

3. 最後使用剛才建立的組態物件來初始化應用程式。

將 Firebase 整合到 Android app

在 Android Studio 2.0 以上，Android Studio IDE 可讓你更輕鬆地使用 Firebase，所以整合 Firebase 各種元件是一種愉快的體驗。

準備工作

為了建立準 Firebase Android app，你必須在開發機器安裝 Android Studio，你可以到 `https://developer.android.com/studio/index.html` 下載適合你的開發機器作業系統的版本。

怎麼做…

成功下載 Android Studio 之後啟動它，你會看到下面的歡迎畫面（圖 8）：

圖 8：Android Studio 歡迎畫面

接下來要建立一個新的 app。這個程式很簡單：

1. 填寫應用程式名稱、類型與適用的 SDK 之後，你的 Android 應用程式開發
   工作流程是（圖 9）：

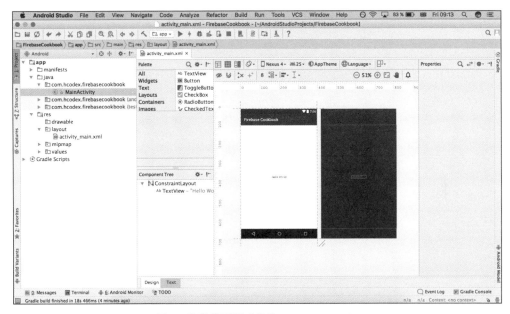

圖 9：啟動應用程式後的 Android Studio

2. 接下來很好玩。直接在 Android Studio 選單按下 **Tools** 選項後,你會看到一個項目裡面有 **Firebase** 等選項(圖 10):

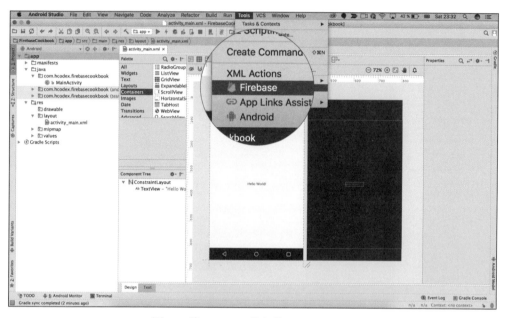

圖 10:將 Firebase 整合到 Android app

3. 按下它之後，你可以在右側的 **Assistant** 裡面找到 Firebase 部分，裡面有它提供的所有好東西（圖 11）：

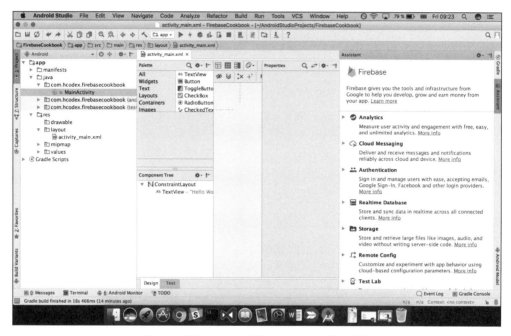

圖 11：整合 Android 與 Firebase — 第一部分

你可以在這個區域看到 Firebase 提供的所有東西 — 裡面有我們之前提過的各個部分與區域。Firebase 是許多服務的集合，也就是說，它的每個部分本身都是一種服務，這也代表你可以自由選擇想要加入的服務。本章將用 Realtime Database 來結束整合程序的說明。

各種 Firebase 服務都可以用完全相同方式來執行這個範例的整合程序。

4. 按下 **Realtime Database** 之後，你會看到一個副選單，裡面簡單解釋與說明該服務的實際功能（圖 12）：

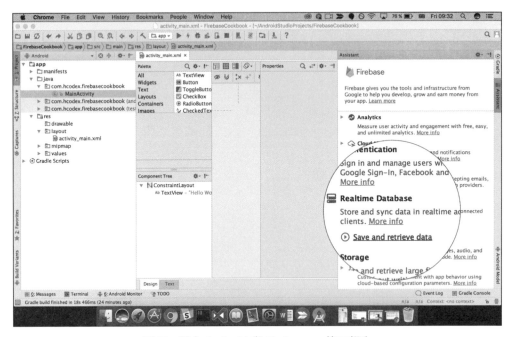

圖 12：整合 Android 與 Firebase — 第二部分

5. 接下來，你只要按下 **Save and retrieve data** 連結選項就可以啟動一個新程序，這個程序可做身分驗證，以及下載 Firebase 元件並安裝到你的 app（圖 13）：

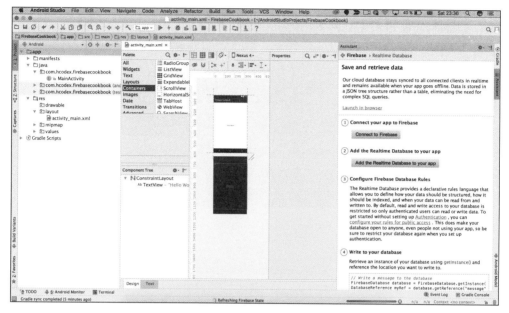

圖 13：Firebase 專案整合 — 第三部分

接著使用之前的做法來設置專案。接下來你要做身分驗證，使用你的 Firebase 專案所使用的 Gmail 帳號。

6. 按下連結之後,你要選擇專案的 Google 帳號。此時,你必須授權 Android Studio 使用你的 Google 帳號。當你批准那些授權規則之後,會看到下面的網頁(圖 14):

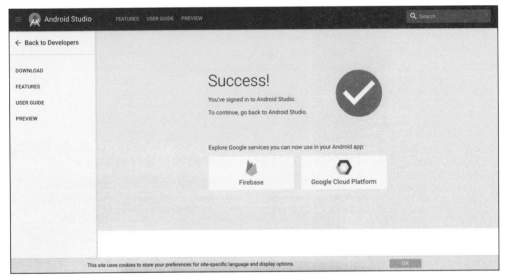

圖 14:Firebase 專案整合 — 第四部分

恭喜!現在 Android Studio 已經完全連接你的 Google 帳號了。此時你可以看到 Android Studio 跳出一個新畫面。如前所述,你可以選擇一個 Firebase 專案或建立一個新專案。在本例中,我們已經建立酷炫的專案了,所以只需要選擇它,並按下 **Connect to Firebase** 按鈕(圖 15)。

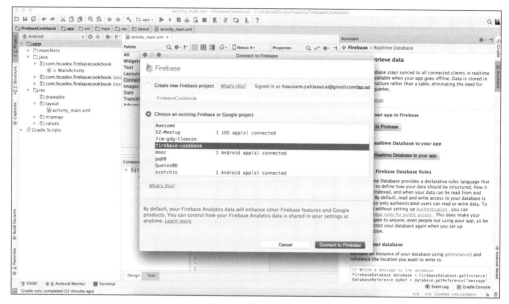

圖 15：Firebase 專案整合 — 第五部分

接下來 Android Studio 會花幾秒鐘來連接專案並設置酷炫的 app。接下來，你會看到下面這個可愛的綠色按鈕，代表一切事物都順暢地進行（圖 16）。

圖 16：Firebase 專案整合 — 第六部分

恭喜！現在你的 app 已經完全連結並且可以承載 Firebase 邏輯了，接下來只要整合你渴望擁有的服務，並直接使用它即可。第 11 章，在本機整合 *Firebase* 與 *Android / iOS* 將會開始介紹它們與其他資訊。

將 Firebase 整合到 iOS app

要整合 Firebase 與 iOS app，你要像之前加入其他套件一樣加入 Firebase 套件。

準備工作

為了在 app 裡面建立與整合 Firebase，你要有一台 MacBook Pro 或 Apple 電腦，並且安裝 Xcode，才可以操作下列的步驟。

怎麼做…

要建立 iOS app，打開 Xcode 並執行下列步驟：

1. 建立新專案或打開已經建立的專案（圖 17）：

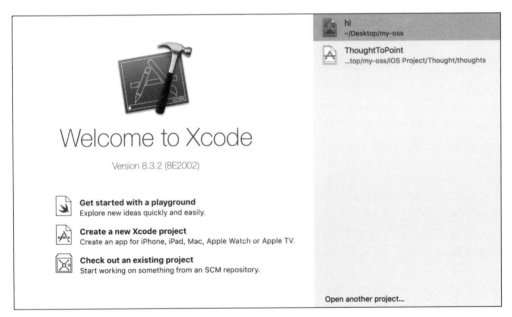

圖 17：打開 / 建立 Xcode 專案

2. 本例啟動一個名為 `firebasecookbook` 的新專案，它將採取 Xcode 單畫
   面應用程式專案模板。

 我們的應用程式（或是本書關於 Firebase 與 iOS 的範例）採用的是 Swift，這
只是個人偏好，你可以選擇適合你的選項（圖 18）。

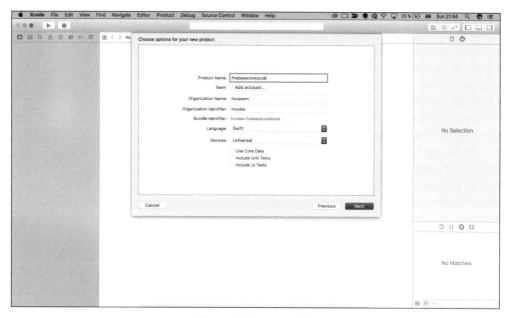

圖 18：建立 Xcode 專案

別忘了複製 **Bundle Identifier**，下一個步驟會用到它。本例的 **Bundle
Identifier** 是 `hcodex.firebasecookbook`。

3. 前往 Firebase 儀表板，按下 **Add Firebase to your iOS app** 按鈕。按下它之後，你會看到一個組態設置畫面，裡面有一些帶領你整合 Firebase 與 iOS 的步驟（圖 19）。

圖 19：建立 Xcode 專案

4. 還記得 **bundle id** 或 **Bundle Identifier** 嗎？複製那個 ID 並貼到指定的位置，喜歡的話，你也可以為 app 取個暱稱。按下 **REGISTER APP** 按鈕。

5. 接下來，我們要下載一個特殊的 `plist` 檔，稱為 `GoogleService-info.plist`。這個檔案裡面有所有必要的詮釋資料，之後你會將它們 include 到專案中（圖 20）。

圖 20：下載 Firebase GoogleService-info.plist

6. 直接將那個檔案複製並貼到專案（圖 21）：

圖 21：我們的 app 裡面的 Firebase GoogleService-info.plist

7. 下載與整合檔案之後,我們就可以安裝一些依賴項目了。我們會在過程中使用 CocoaPods 作為套件管理器。用終端機前往專案:

```
~ cd project-directory
~/project-directory ~> pod init
```

 你可以按照官網:https://guides.cocoapods.org/using/getting-started.html 指示的步驟在 macOS 開發機器下載與安裝 CocoaPods。

用 CocoaPods 初始化專案之後,你可以找到一個新建立的檔案——Podfile。

 Podfile 是描述一或多個 Xcode 專案的依賴項目的說明檔。

8. 接下來,用慣用的程式或文字編輯器在 Podfile 加入下面這一行:

```
pod 'Firebase/Core'
```

9. 儲存檔案,回到終端機,輸入下列命令:

```
~/project-directory ~> pod install
```

這個命令會下載並安裝 Firebase 將會在 app 裡面啟動的所有程式庫與模組。

10. 接著,不要打開常規的專案,而是打開另一個特殊的專案擴展(extension),如下面的命令所示:

```
~/project-directory ~> open project-name.xcworkspace
```

11. 我們只剩最後一個步驟了。在應用程式中,直接打開 AppDelegate,用下面的指令匯入 Firebase:

```
import Firebase
```

12. 接下來,在 didFinishLaunchingWithOptions 方法裡面加入下面的程式碼:

```
FIRApp.configure()
```

恭喜!你已經成功地將 Firebase 整合到 iOS app 裡面了。

Firebase Real-Time 資料庫

2

本章將討論以下的主題：

- 用 Realtime Database 儲存與提供資料
- 修改與刪除 Realtime Database 的資料
- 設定 Realtime Database 內的資料結構
- 實作離線功能

簡介

Firebase Realtime Database 是開發者最常用的一種 Firebase 產品，它提供動態、可擴展的功能，以及幾乎所有的 Realtime 資料插入、更新與刪除。

Firebase Realtime Database 比 Firebase 其他功能還要吸引人的地方在於它內建了廣播功能與非常易用的 API。這些 API 可讓開發者在更多地方使用 API，無論他們處於哪種環境。此外，Firebase Realtime Database 附帶了離線支援，這種功能只會在 app 的網路狀態不太穩定時啟動。這一章會討論它的各種用法，以及各種使用案例。它們可讓應用程式具備更即時的外觀與感覺，同時提供離線的支援，且不需要加入任何第三方公用程式。

用 Realtime Database 儲存與提供資料

對網路 app 而言，儲存／提供資料的程序非常重要。資料通常是所有網路 app 的骨幹，多數的課程與指南通常將"用資料庫來保存資料"稱為儲存（Saving）。

Firebase 不全然是資料庫，但是它很像你現在可在市面上找到的其他資料庫。它是內建 Realtime 功能的 NoSQL 資料庫，也就是說，當你將資料存在它裡面時，它會自動廣播給任何正在收聽的人，通常是你的所有使用者，也稱為顧客。

本章將介紹如何使用超棒的 Firebase Realtime Database 來儲存與提供資料。

怎麼做…

1. 我們先討論食譜最初的部分：將資料存入 Firebase，我們來看一下它的動作。在開始瞭解如何將資料存入資料庫之前，我們先看一下 app 以及它的外觀。前往 Firebase 專案儀表板的 Database 部分，找到圖 1 的畫面：

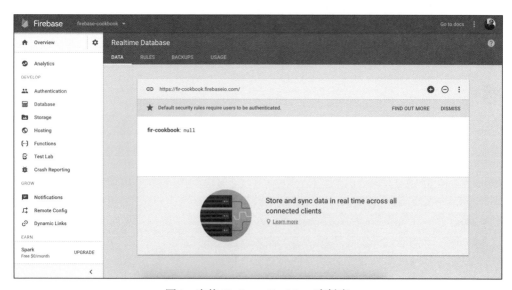

圖 1：空的 Firebase Realtime 資料庫

2. 如果你曾經開發網路 app 或瞭解資料的特性，可發現我們的資料會被存為 JSON 格式。其實這種做法很棒，因為這代表資料處理與搜尋時間較短。

3. 如果你還記得*第 1 章，初探 Firebase* 的話，有一種稱為 databaseURL 的特殊連結對現在的我們來說非常重要，因為我們想要將更多資料加入資料庫。

4. 請記住，要用 Firebase 用戶端做任何事情，你必須取得想要使用的功能的實例或參考，以便進行操作：

```
var db = firebase.database();
```

上面程式建立了一個 Firebase 資料庫的參考，接下來我們就可以開始使用它了。

我們來寫入一些資料吧！

 在預設情況下，為了安全，只有經過驗證的使用者可以使用讀 / 寫資料功能，也就是說，為了加入或取得任何資料，你必須通過 Firebase 的身分驗證，但是只要稍微調整資料庫身分驗證規則，你就可以讓公眾執行這個程序。

5. 有兩種方法（函式）可將資料存入 Firebase —— set() 與 push() 方法，它們有專屬的行為。我們來研究一下它們：

```
db.ref('packtpub/' +1234).set({
  name: "Houssem Yahiaoui",
  current_book: "Firebase Cookbook"
});
```

6. 我們在上一個步驟使用之前取得的資料庫參考，經由 packtpub 路徑到達使用者 1234，加入新的作者資料。

 請記得，set() 方法有兩種效果，它會在新資料尚未在路徑中時插入它，或在它已存在時替換它。

7. 你可以在資料庫裡面看到結果（圖 2）：

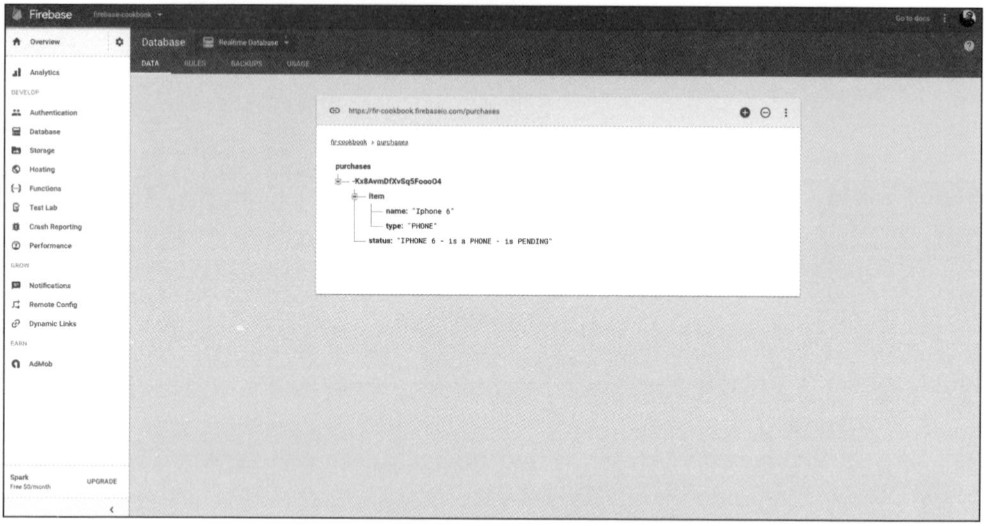

圖 2：加入一些資料後的 Firebase Realtime Database

8. 我們也可以加入資料串列，舉例來說，當你製作聊天 app，或需要自動儲存資料，但不需要修改它們時，可以採取這種做法。此時，每當你推送資料時，就會將新節點或物件加入資料庫；push() 方法可提供終極解決方案。而且，那些資料都會用一個隨著時間而不同的唯一鍵來識別。

```
db.ref('packtpub/chat').push({
    name: "Houssem Yahiaoui",
    message: "Hello All !",
    photo_url : "<link to my picture>"
});
```

接下來我們要討論食譜的第二部分，瞭解如何用 Firebase 提供與從中讀取資料：

1. 在用 Firebase app 提供資料時，我們通常會遇到兩種情況，第一種是當你載入 app 時，通常想要直接從中抓取所有資料，並將它綁定 UI，另外，我們也希望可從中抓取最新的資料，此時也可以使用 Firebase Realtime Database API，我們來看看如何實作這兩種情況。

2. 假設我們只希望系統讀取一次資料，也就是說，我們不希望它在每次資料庫改變時就進行更新。Firebase API 有個 `once()` 方法，你可以從字面知道它的功能。我們來看看怎麼做這件事：

```
firebase.database().ref('/admins).once('value').then((snapshot)
    => {
 var admins = snapshot.val();
});
```

以下說明這段程式做了哪些事情：

- 先取得資料庫的 `admins` 的參考。

- 使用 `once()` 來抓取只使用一次的資料，這代表之後 `admins` 的更新都不會產生事件。

- 最後回傳存有它的資料的 `snapshot`。

3. 接下來，假設資料會隨著時間而改變，也就是說，我們必須不斷地關注它，Firebase 也可以輕鬆地處理這種情況，你只要用 Firebase 資料庫 API 就可以了。具體的做法是：

```
var adminRef = firebase.database().ref('/admins');
adminRef.on('value',(snapshot) => {
   // 在這裡編寫你的邏輯。
});
```

工作原理

解釋一下剛才發生的事情：

1. 我們必須取得想要監聽的資料的參考。

2. 監聽所有將會成為事件的資料變更，用 `on()` 函式以及事件名稱來監聽事件。在本例中，它是 `value` 事件，接下來要採取某種方法來將新資料加入既有的資料。

修改與刪除 Realtime Database 的資料

幾乎所有的 app 都有修改 / 刪除功能，也就是更改資料或永遠移除資料的方法。我們來看看如何在 app 中加入這種功能。

怎麼做…

我們先來看一下如何修改資料。

在 StackOverflow 上，用 Firebase 修改資料一向是爭論與討論的焦點；因此，以下說明兩種新 API 的規則，以及它們之間的差異。

1. update() 函式可讓我們傳送同時發生的修改給資料庫，它除了預期的行為之外不會做任何其他事情，也就是說，它會更改資料，但不會更改記錄的參考。

2. set() 的行為會改變資料的參考本身，並且將它換成新的。

3. 對我們而言，重點在於我們想要哪種行為，Update 函式是最適合實作 CRUD app 的函式。我們來看看如何實作它，並考慮人們最常要求 twitter 實作的功能——更新推文：

```
// 待辦事項：定義 Tweet 結構。
let tweet = {};
// 取得新項目的金鑰
let newTweetKey =
firebase.database().ref().child('tweets').push().key;
let uid = firebase.auth().currentUser.uid;
var</span> updates = {};
updates['/tweets/' + newTweetKey] = tweet;
updates[</span>'/user-tweets/' + uid + '/' + newTweetKey] =
  tweet;
firebase.database().ref().update(updates);
```

工作原理

我們來看看剛才發生什麼事情。我們除了對 twitter 進行革命性的改變之外，也做了下列事項：

1. 定義推文的結構。

2. 抓取新推文金鑰。

3. 抓取連接的使用者的 uid。

4. 建立一個新的更新物件，並且為整體的推文加入一個路徑，並用金鑰來更新它，推文也會被加入或儲存到使用者自己的個人推文，因為我們同時更新兩個地方。

5. 用資料庫的根參考來呼叫 update()，因此，Updates 物件會同時將兩個地方更新為所需的資料。

恭喜！你已經用一個呼叫式成功地更新兩個地方了。請記住，使用 set() 會建立一個新項目，我們在更新資料時並不想要有這種行為。

接著我們來看一下如何移除 Realtime Database 的資料：

1. 為了用 Firebase 刪除資料，我們可使用 remove() 函式以及資料參考，或直接使用 set() 函式，或如果我們想要在更新資料的同時將資料設為 null 的話，使用 update() 函式。具體的做法如下：

```
let tweetRef = // 待辦事項：取得 Tweet 參考。
firebase.database().ref(`path/${tweetRef}`).remove();
// 或
let uid = firebase.auth().currentUser.uid;
var updates = {};
updates['/tweets/' + tweetRef] = null;
updates['/user-tweets/' + uid + '/' + tweetRef] =
 null;
firebase.database().ref().update(updates);
```

恭喜！你已經刪除一則推文了。你可以看到，我們可以在 Firebase app 裡面使用現成的技術，或 update() 這類的函式同時刪除多處。

設定 Realtime Database 的資料結構

Firebase 資料庫結構的傳言都是真的，只是人們不知道怎麼做到。它的概念很簡單且明確——不要再用關聯式資料結構來思考了，因為這種東西無法在文件式結構中使用。

怎麼做…

Firebase 資料庫的構造是動態且平面的，所以必定有資料冗餘（data redundancy）的概念，這種概念是為了盡快擷取資料，所以必須將資料放在幾乎所有地方。如果我們想要將下載與資料擷取時間最佳化，這是必須付出的成本。

1. 舉個例子來展示這種概念：

```
{
  "events": {
    "firebase_summit": {
      "title": "Firebase Summit event",
      "timestamp": 1508883321
    },
    "google_io": { ... },
    "...": { ... }
  },

  "members": {
    "firebase_summit": {
      "superman": true,
      "eagleye": true,
      "charlesmountain": true
    },
    "google_io": { ... },
    "...": { ... }
  },

  "conversations": {
    "firebase_summit": {
      "c1": {
        "name": "superman",
"message": "Please prevent any Kryptonite based
    materials
```

```
        at entrance"</span>,
        "timestamp": 1508883539
      },
      "c2": { ... },
      "c3": { ... }
    },
    "google_io": { ... },
    "...": { ... }
  },
  "users" : {
    "superman" : {
      "fullName": "Clark Kent",
      "events" : {
        "firebase_sumit" : true,
        "..."
      }
    }
  }
}
```

如果你有注意的話，技術上來說，我們幾乎在每個地方都加入資料。為了持續取得資料，這對我們來說是必要的；藉由這種方式，我們可以用很快的速度取出資料，並節省下載時間。

這個概念是將資料的各個不同的部分分開，代表我們只會在指定的時間下載和擷取想要的所有資料。此外，這種模式可讓我們輕鬆地控管安全，因為我們不用擔心未獲授權的使用者存取資料。如果我們將資料保存在長 JSON 樹內的話，會讓我們易受攻擊，讓我們更難以維護安全。此外，這種資料的等待時間（wait time）與未來擴充性是很大的問題。

有一種稱為 Firebase Cloud FireStore 的 Firebase 產品改善了這種資料結構，附錄有完整的資訊。

實作離線功能

Firebase 提供了現成的離線體驗。你不需要採取任何神奇的技術或編寫任何程式碼，只需要專注於應用邏輯，盡可能地善用 Firebase API 就可以了。你對資料庫所做的任何改變都會在連接到穩定的資源時進行同步。

在這個食譜中，你會看到我們如何知道是否連接資料庫，這個功能很簡單，但是可以大大地協助改善使用者體驗。

準備工作

為了讓應用程式取得必備的參考點來支援加入的功能，請確定你的專案已經與 Firebase 完全整合了，詳情請參考第 1 章，初探 Firebase。

怎麼做…

1. 我們來看一下如何使用 Firebase 資料庫 API 來執行連接檢查功能：

```
let miConnected = firebase.database().ref(".info/connected");
miConnected.on("value", function(res) {
  if (res.val() === true) {
   // 待辦：顯示連接狀態為連接
  } else {
  // 待辦：顯示連接狀態為未連接
  }
});
```

上面的程式碼會從伺服器取值來測試與伺服器的連結，並根據這個值來處理 UI。

工作原理

我們剛才監聽特殊的路徑來確定與 Firebase 的連結狀態，當值是 true 時，代表已經通過身分驗證，否則代表因為網路延遲或完全沒有網路而未通過驗證。

3

使用 Firebase 存儲來管理檔案

本章將討論以下的主題：

- 建立檔案存儲參考
- 上傳檔案
- 實作檔案的提供與下載
- 刪除檔案
- 更新檔案的詮釋資料
- 處理 Firebase 檔案存儲錯誤

簡介

如同所有建構良好的應用程式，上傳檔案以及儲存／提供它們是一種傳統的、結構良好的工作流程，通常你有各種不同的方法可儲存檔案。所以本章要說明如何實作一種很棒的新功能，並討論檔案存儲。

Firebase 的存儲可讓你用非常簡單且直觀的 API 來上傳、下載與執行基本的 **CRUD**（**建立**、**讀取**、**更新**與**刪除**）功能。此外，Firebase 檔案存儲與其他 Firebase 服務套件一樣穩健、安全且富擴展性。

建立檔案存儲參考

你已經知道，我們在使用 Firebase 時都會先取得一個參考，如此一來，我們就可以在 app 的各個部分執行妥善地管理且彼此分離的工作流程。

準備工作

在寫程式之前，你必須做這些事情：

1. 有個 Firebase 專案，並且已經妥善地設置它，如果還沒有，請參考 *第 1 章，初探 Firebase*。

2. 確保 **"storageBucket"** 欄位裡面有貯體（bucket）連結，它是儲存所有檔案的地方。

怎麼做…

如果你曾經執行 *第 1 章，初探 Firebase* 的步驟，就會知道如何將 Firebase 整合到工作流程裡面。

1. 接下來我們假設要來處理網路工作流程。所以這個食譜會使用下面的程式片段在 Firebase Storage 裡面取得參考：

   ```
   // 建立指向根目錄的參考。
   let packtRef = firebase.storage().ref();
   ```

   我們在這裡建立一個指向根目錄的參考，它基本上是應用程式的根目錄，這個目錄裡面有你的所有檔案與其他資料夾。

2. 接著用下面的程式來說明如何在 Firebase Storage 中取得已建立的資料夾的參考，甚至檔案的參考：

   ```
   // 建立 books 目錄的參考。
     let packtBooks = packtRef.child('books');
   // 建立 Firebase Cookbook 檔案的參考。
     let firebaseCookbook =
   packtBooks.child('Fiebase_Cookbook.ebook');
   ```

工作原理

在我們的根目錄裡面有另一個名為 books 的子資料夾。它通常是根目錄的子目錄。這種檔案結構與資料庫結構很像，它們都有一個樹狀結構，裡面有根、分支或子系，以及扮演最終檔案的葉。

- 說明一下這個食譜做了什麼事情：或許你想知道究竟該如何取得最終路徑，甚至檔名或目錄名稱？做這些事情的 API 非常簡單，如下面的程式碼所示：

```
// 取得檔案路徑。
let bookPath = firebaseCookbook.fullPath;

// 取得檔案名稱。
let bookName = firebaseCookbook.name;
```

剛才發生什麼事情？基本上，我們已經取得檔案路徑了，它是 books/Firebase_Cookbook.ebook。那檔名呢？嗯，你猜對了，它是 Firebase_Cookbook.ebook。

在第 4 章，*Firebase 身分驗證*中，我們會討論如何在 app 中實作檔案上傳機制。

上傳檔案

我們將要建立一個很酷的範例來探討如何在 app 中實作檔案上傳。

這個 app 有一個按鈕可打開檔案選擇器。選擇檔案後，它就會開始執行 **Upload** 程序，我們來看一下如何實現這個程序。

怎麼做…

1. 要上傳檔案，我們必須先建立檔案的新參考。在本章稍早，我們已經取得根資料夾的參考了。下面是建立檔案新參考的程式碼：

```
// 建立已上傳的檔案的新參考。
let imageRef = packtRef.child(`images/${<imageName>.
 <ext>}`);
```

2. 你可能想知道如何用程式建立資料夾。目前的 API 還沒有這種功能，但 Firebase 會自動做這件事。也就是說，當我們指向 images 目錄或任何子目錄裡面的檔案時，Firebase 就會動態建立那個目錄。

 建立新檔案的參考之後，別忘了加入檔名與副檔名，我的意思是，你必須提供完整的檔案路徑，否則就會在 Firebase 主控台看到一些意外的行為。

3. 接下來通常有兩種方式可以取得實際的檔案 —— 使用檔案或 blob API，接著使用 put() 方法直接將檔案推送至 Firebase API。下面的範例使用一種常見、良好的檔案輸入機制來使用 Firebase 檔案上傳功能。

我做了一個簡單的頁面，裡面有個簡單的上傳輸入，以及一些基本但酷炫的邏輯。下面是這個頁面的截圖：

圖 1：我們建立的 app 的完成品

4. 我們來研究一下這個網頁的程式碼。請編寫下面的程式碼來建立你自己的網頁：

```html
<body class="container">
  <div class="text-center">
    <img src="img/firebase.png">
  </div>
  <div class="row text-center">
    <div class="image-upload">
      <label for="file-input">
        <span class="attach-doc">Upload to
         Firebase  <i
        class="fa fa-upload" aria-hidden="true">
          </i></span>
      </label>
      <input id="file-input" type="file"
      onchange="uploadToFirebase(this.files)"/>
    </div>
  </div>
</div>
```

5. 上面的程式碼是這個小型網頁的 HTML 結構。下面的程式片段是管理網頁的自訂行為：

```html
<script src="https://www.gstatic.com/firebasejs/4.1.1/
firebase.js">
 </script>
  <script>
   var config = {/* 你的 Firebase 組態物件，
   可在 Firebase 主控台取得，請參考第 1 章
     來瞭解如何取得它 */}
     // 取得輸入檔的參考。
   let upload = document.getElementById('file-input');
    upload.addEventListener('change',
      uploadToFirebase, false);
     // 實作 onchange 函式。
    function uploadToFirebase(files) {
    // 取得 Firebase Storage 的根目錄參考。
     let rootRef = firebase.storage().ref();
     let file = files[0]; // 從檔案 API 取得檔案。
      let fileRef =
      rootRef.child(`images/${file.name}`);
```

```
            fileRef.put(file)
              .then(() => {
                console.log('your images was uploaded !');
              })
              .catch(err => console.log(err));
          }
      </script>
```

6. 按下 **Upload to Firebase** 按鈕之後，我們會在 **Chrome Dev Tools Console**
   看到下面的錯誤（圖 2）：

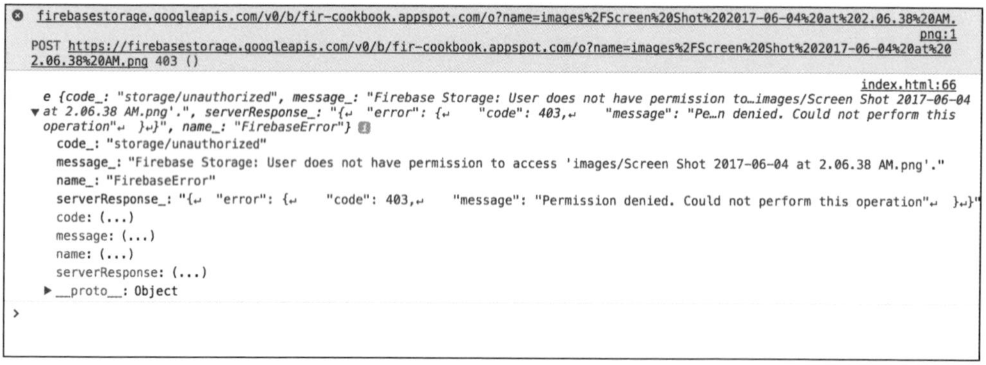

圖 2：Firebase 因為身分驗證而產生的錯誤

這個錯誤來自 Firebase 主控台的身分驗證規則，它指出我們沒有正確的權限可上傳
檔案到 Firebase 的 **Storage** 貯體。

7. 為了解決這個問題，直接前往 Firebase **Storage** 貯體的規則部分（圖 3）：

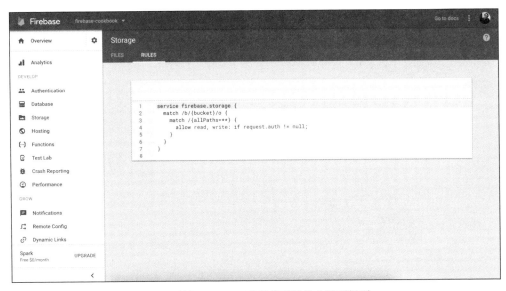

圖 3：所有 Firebase 專案的預設身分驗證規則

8. 將它的第 4 行改成這樣（圖 4）：

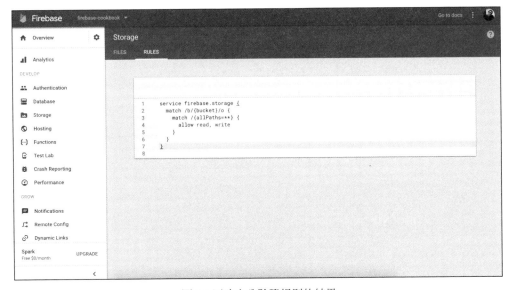

圖 4：更改身分驗證規則的結果

如此一來，我們即可 read 與 write 所有路徑，而不需要做任何身分驗證或授權檢查。

9. 現在我們只要用一般的方式重新整理頁面與上傳檔案就可以了。完成之後，**Firebase Storage** 貯體裡面會有這些東西（圖 5）：

圖 5：建立的資料夾

我們可在 images 資料夾裡面找到上傳的圖像。

工作原理

說明一下它的運作方式：

1. 我們建立一個簡單的網頁，裡面有個上傳輸入，它有個事件監聽器，負責監聽 change 事件。

2. 按下 **Upload to Firebase** 輸入按鈕，選擇一個檔案，接著用檔案 API 抓取它（內建於瀏覽器本身）。

3. 建立並抓取根目錄與待上傳的檔案的參考。

4. 使用特殊的 Firebase 方法 put()，它會回傳一個 promise。這個 promise 會在我們成功上傳檔案時被解析。

5. 維護上傳檔案的授權規則，請記得，這是為了開發而做的。在準生產環境中，維護正確的規則相當重要。

實作檔案的提供與下載

上一個食譜討論如何將檔案上傳到 **Storage** 貯體。這一節要討論如何從 **Storage** 貯體直接傳遞與下載檔案。

怎麼做…

通常我們無法展示貯體內的所有檔案。Firebase 裡面的確有檔案與資料夾，但是沒有 API 可以展示資料夾，只有展示檔案的 API。

 請記住，在這個平台裡面，"資料夾" 這個概念沒有意義。也就是說，在 API 或邏輯裡面，沒有叫做 "資料夾" 的東西 —— 它只是檔案的基本路徑參考。

因此，我們必須用自訂的邏輯來展示資料夾，通常是用本地端資料庫來儲存基本檔案詮釋資料，但是這已經超出本章的討論範圍了。

1. 如前所述，我們必須自行建立想要的檔案的參考：

```
// 取得檔案參考。
var rootRef = firebase.storage().ref();
var imageRef = rootRef.child('images/<image-name>.
  <image-ext>');
```

2. 接著使用 getDownloadURL() 函式來取得下載 URL：

```
imageRef.getDownloadURL()
  .then((url) => {
    // 取得下載 URL。
    console.log(url);
  })
  .catch(err => console.log(err));
```

3. 當 `getDownloadURL()` 函式被解析之後，我們就可取得檔案下載 URL，用它來滿足我們的需求，如下所示（圖 6）：

```
Download Url : https://firebasestorage.googleapis.com/v0/b/fir-cookbook.appspot.com/o/imag…t%2011.44.18%20AM.p   index.html:71
ng?alt=media&token=e39d5a92-811c-4227-bb26-ba6cb9536a68
file uploaded with success congrats                                                                              index.html:65
>
```

圖 6：檔案下載連結

恭喜！現在我們已經取得可下載的 URL 了，稍後可以用它來滿足需求，就算將它存到本地資料庫也可以，這是較好的做法。

工作原理

在上面的程式中，我們做了這些事情：

1. 取得檔案的參考。（別忘了取得有效的參考、選擇檔案，或做類似的事情，以取得有效的參考。）

2. 取得參考後，呼叫 API 來取得下載 URL。如果檔案是張圖像的話，你可以將它當成圖像來源使用。你甚至可以使用 `fetch` 來將它下載至本地端，無限的可能性。

刪除檔案

到目前為止，我們已經設法對 **Storage** 貯體上傳與下載檔案了，但有時我們想要刪除之前上傳的檔案。此時可使用上兩節的 Firebase Storage 貯體 API 做這些工作。

怎麼做…

1. 上一章提過，在做任何事情之前，我們必須先取得想要的檔案的參考，我們來做這件事吧！下面是建立參考的程式碼：

```
// 取得根資料夾的參考。
var rootRef = firebase.storage().ref();
var imageRef = rootRef.child('images/<image-name>.
 <image-ext>');
```

2. 接著使用特殊的方法或函式來刪除這個檔案，我指的是 delete() 方法，下面的程式說明如何使用它：

```
imageRef.delete()
 .then(() => {
// 成功刪除檔案。
})
 .catch(err => {
// 回報 / 展示錯誤。
});
```

 同樣，你必須用自訂的邏輯抓取檔名與副檔名。做法是在上傳檔案之後，用本地端資料庫來保存它的小型詮釋資料指紋（metadata fingerprint），之後就可以輕鬆地編寫任何自訂邏輯了。

恭喜！現在你已經知道刪除檔案的做法了。下一個食譜將介紹如何更新檔案詮釋資料。

更新檔案的詮釋資料

基本上，任何類型的檔案（或資料夾）都有所謂的詮釋資料。這些重要的資訊可協助你瞭解檔案的性質與類型。一般的做法是加入 MIME 類型，就連在 Firebase Storage 貯體裡面的檔案也不例外。在平台內，我們可以取得與更新檔案的詮釋資料，這個食譜將說明具體做法。

怎麼做…

1. 我們要先取得詮釋資料。Firebase API 有一個叫做 `getMetadata()` 的函式可做這件事。這個函式也可以取得某個地方的所有檔案的詮釋資料，不過我們必須像之前的食譜那樣，先取得檔案的參考：

```
// 取得根目錄的參考。
let rootRef = firebase.storage().ref();

// 取得檔案的參考。
let imageRef = rootRef.child('path-to-file/<file-name>.<file-
 ext>');

// 取得檔案詮釋資料。
imageRef.getMetadata()
    .then((meta) => {
// 函式參數 meta 代表檔案詮釋資料。
        console.log(meta);
    })
  .catch(err => console.log(err));
```

恭喜，你已經成功取得檔案的詮釋資料了，接下來可以選擇一種方法來顯示它們。

2. 最後一個步驟，你可能想知道如何處理錯誤。有特殊的做法嗎？有沒有一種方法可以根據不同類型的錯誤來妥善地顯示自訂的錯誤訊息？

有的！下一個食譜將討論如何處理 Firebase 錯誤。

處理 Firebase 檔案存儲錯誤

如果你認真看待下一個大型產品或 app 的話，就知道在用戶端妥善地顯示錯誤是很重要而且迫切的問題。這個食譜將展示如何妥善地取得與讀取 Firebase Storage 錯誤。

如果你仔細看一下這幾個食譜的工作模式的話（即使你還不太瞭解 JavaScript 的 promise），應該會發現我們是用 catch 從 Firebase 取得所有錯誤訊息。

JavaScript 的 promise API 是比較新的 API，它們是在 ES2015 發表的。你可以到下面的網址進一步認識它們以及瞭解如何在程式中實作它們：`https://developer.mozilla.org/en/docs/Web/JavaScript/Reference/Global_Objects/Promise`。

怎麼做…

1. 我們來看一個範例。假設我們想要刪除一個檔案，你可以看到它如何根據錯誤類型來製作錯誤訊息：

```
// 刪除貯體裡面的圖像。
 imageRef.getMetadata()
   .then((meta) => {
// 函式參數 meta 代表檔案詮釋資料。
         console.log(meta);
    })
   .catch(err => {
          switch (err.code) {
                case 'storage/unknown':
                break;
                case 'storage/object_not_found':
                breaks;
                case : 'storage/project_not_found':
                breaks;
                case : 'storage/unauthenticated':
                breaks;
                case : 'storage/unauthorized':
                breaks;
                ..
                ...
                ....
          }
    });
```

2. 我們使用 switch err.code 來取得代表錯誤類型的字串，妥善地顯示錯誤，來提供一個具備高級使用者體驗的 app。提供明確的錯誤訊息可節省使用者的時間，並且避免造成身為 app 創作者的我們的損失。

 上述的程式只涵蓋少數的錯誤訊息，你可以參考官方文件來進一步瞭解它們，並且加入適合你的 app 的錯誤訊息：https://firebase.google.com/docs/storage/web/handle-errors。

以上就是使用 Firebase Storage 貯體 API 所做的一切，接下來你可以在新的 app 中自信地建立與整合這種服務了。

4

Firebase 身分驗證

本章將討論以下的主題：

- 實作 email / 密碼驗證
- 實作匿名驗證
- 實作 Facebook 登入
- 實作 Twitter 登入
- 實作 Google 登入
- 取得使用者的詮釋資料
- 連結多個身分驗證服務供應者

簡介

如果你是網路開發者，應該知道建立安全、平衡且有效的身分驗證系統是很繁瑣的工作，就算你處理的只是 email 與密碼也一樣。

現在的網路 app 都用社群帳號來登入，它是現今的網路環境中最常見且 app 最需要的功能之一。使用開放授權（OAuth）來做身分驗證與登入網路 app 是既簡單且快速的方法，這些 OAuth 包括 Facebook、Google Plus 與 Twitter，它甚至可用來建立社群 app 的 GitHub。

"*OAuth* 或*開放授權*（*Open Authentication*）是一種開放的協定，可讓行動與桌面 *app* 使用網路上的一種簡單且標準的方式來進行安全授權。"

- OAuth 社群

Firebase 提供了多種驗證方法來協助你進行安全登入，例如使用主流供應者來做 email / 密碼與社群登入。它甚至提供一種匿名登入方式，可讓你在網路 app 中安全、高效地管理身分驗證。本章將說明它的用法。

實作 email / 密碼驗證

這個食譜會用一個簡單且在各種網路 app 中常見的案例來說明如何實作密碼驗證。下面是提供 email / 密碼驗證的 Firebase app 的螢幕截圖。

圖 1：提供 email / 密碼驗證的基本 app

怎麼做⋯

1. 上圖是一個簡單的登入網頁，裡面有 **Email** 與 **Password** 欄位，以及一個匿名登入按鈕。這是它的程式碼：

```
<div class="container">
  <div class="jumbotron">
    <div class="text-center">
        <img src="img/firebase.png">
<p style="margin-top:-50px">Log in using your
 favorite method</p>
    </div>
    <form class="form-inline text-center">
        <div class="form-group">
          <label class="sr-only" for="email">Email
          address</label>
          <input type="email" class="form-control"
        id="email">
        </div>
        <div class="form-group">
          <label class="sr-only"
          for="password">Password</label>
          <input type="password" class="form-control"
           id="password">
        </div>
        <button id="login" class="btn btn-default">
          Sign in</button>
    </form><br><br>
    <div class="text-center">Or</div><br>
    <div class="text-center">
      <a class="btn btn-social btn-lg btn-github"
        style="width:
      260px" id="anonymousLogin">
        <span class="fa fa-snapchat-ghost"></span>
        Sign in anonymously
      </a>
    </div>
  </div>
</div>
```

2. 為了讓這個網頁正常工作並開始使用 API，我們必須先在 Firebase 主控台
裡面按下一些按鈕。前往下圖的 **Project Dashboard | Authentication |
SIGN-IN METHOD**：

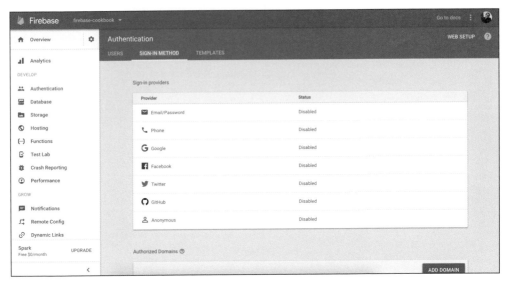

圖 2：Firebase 專案主控台——身分驗證區域

3. 按下你想使用的身分驗證方法。本例想要使用 **Email / Password** 以及
Anonymous。接著像下圖一樣按下 **Enable** 開關，再按下 **SAVE** 按鈕：

圖 3：在 Firebase 專案主控台啟用 email / 密碼驗證

4. 啟用這兩個方法後，我們來看看如何使用 API。先建立一個新使用者帳號。

5. 成功建立帳號後，使用下面的程式來登入帳號：

```
// 從上面的輸入網頁取得 Email/Password 與 Signin 按鈕。
let email = document.getElementById('email').value;
let password =
  document.getElementById('password').value;
let signIn = document.getElementById('login');

// 監聽 signIn 按鈕的按下。
signIn.addEventListener('click', (ev) => {
  firebase.auth().signInWithEmailAndPassword(
      email,password)
    .then(user => {
      // 處理成功的身分驗證。
    })
    .catch(function(error) {
      // 顯示錯誤訊息。
    });
  }, false);
});
```

成功登入之後，你可以進行轉址並提供適當的 UI 給使用者。

6. 但是你可能會想，登入後也要登出。好吧，這個程序相當簡單：

```
// 取得 Logout 按鈕的參考。
let logoutBtn = document.getElementById('logout');
logoutBtn.addEventListener('click', (ev)) {
    firebase.auth().logout()
        .then(() => {
// 在這裡前往首頁或任何自訂的登入動作。
        })
        .catch(err => {
// 在這裡取得錯誤並妥善地顯示它。
        });
  }, false);
```

恭喜，你已經成功實作登入 / 登出功能了。

實作匿名驗證

你可能在想，既然是匿名的，就代表我們在系統上沒有身分，這樣的意義何在？話雖如此，但有時我們想要讓一些內容只能被獲得授權的使用者看到。藉由這種方法，我們可讓非用戶的使用者擁有一個臨時帳號來體驗 app。但是，（舉例）如果他們決定建立帳號，我們也可以提供一個選項來讓他們將登入帳號連結到匿名帳號。

怎麼做…

1. 像之前一樣，使用 Firebase 身分驗證 API，見下面的程式：

    ```
    // 取得按鈕的參考。
    let anonLogin =
     document.getElementById('anonymousLogin');
    anonLogin.addEventListener('click', () => {
        firebase.auth().signInAnonymously()
          .catch(err => {
              // 捕捉並顯示錯誤。
          });
    }, false);
    ```

2. 接下來用另一種方式來檢查使用者是否登入。在下面的程式中，我們使用 onAuthStateChanged 事件來檢查使用者的身分驗證狀態：

    ```
    firebase.auth().onAuthStateChanged((user) => {
      if (user) {
    // 如果取得 user 物件，代表我們已經
    // 取得穩定的連結，並且通過驗證。
        var uid = user.uid;
      } else {
        // 使用者登出。
      }
    });
    ```

    剛才發生什麼事？

    通常 onAuthStateChanged 事件會在使用者的身分驗證狀態改變時出現。所以當使用者登入或登出帳號時，它就會被觸發。我們可以用 user 物件來掌握使用者目前的狀態。如果它是 true，代表通過驗證。else 條件代表使用者登出或我們沒有網路連結。

實作 Facebook 登入

如果你用過最近的網路 app，絕對看過很夯的用 *Facebook* 登入。它的確是現今最可愛、簡便且快速的使用者驗證方式。我們可以直接從 Facebook 伺服器直接取得全名、照片、email 地址等基本資料。

這個食譜將說明如何為 app 實作 Facebook 登入功能。

準備工作

在開始之前，我們要先建立一個 Facebook app。前往 Facebook Developer 平台：`https://developers.facebook.com`，你會看到一個儀表板，如下圖所示：

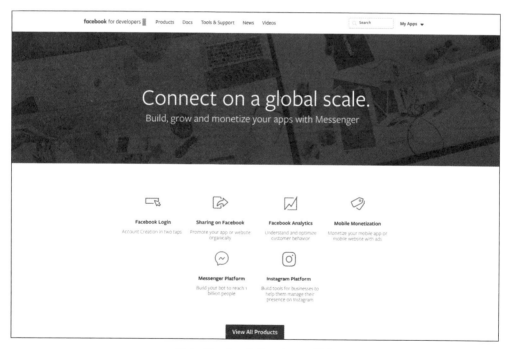

圖 4：Facebook Developer 平台

將滑鼠移到 **My Apps** 上面時，你會看到目前所有的 Facebook app。我們想要建立一個新的 app。因此按下 **Add a New App** 選項，如下圖所示：

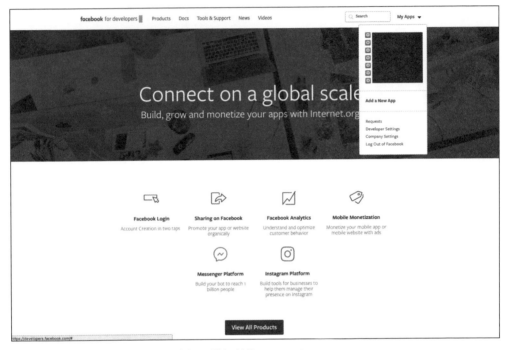

圖 5：增加新的 Facebook app

接下來會出現下面的互動視窗，你可以在裡面加入 app 的基本資訊：

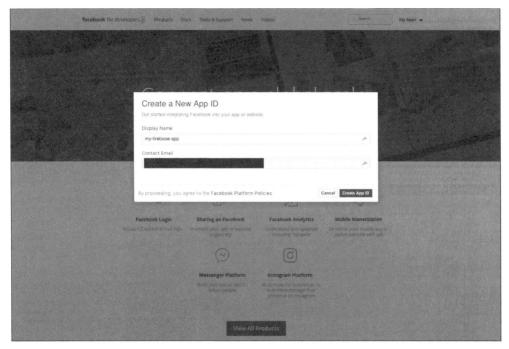

圖 6：提供 app 的基本詮釋資料

按下 **Create App ID** 按鈕即可建立 app，你也會被送往 app 的主控台。

如前所述，若要加入任何 Firebase 身分驗證方法，我們必須先啟用它們。前往 **Project Dashboard | Authentication | SIGN-IN METHOD**。複製 Facebook 主控台 app 的 **App ID** 與 **App secret** 並貼到 Firebase **Authentication** 欄位內：

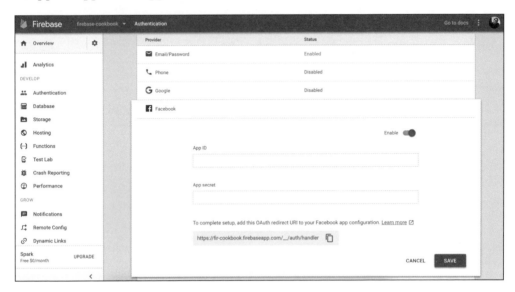

圖 7：在 Firebase 專案主控台啟用 Facebook 身分驗證

接下來將它顯示的連結複製並貼到這裡：

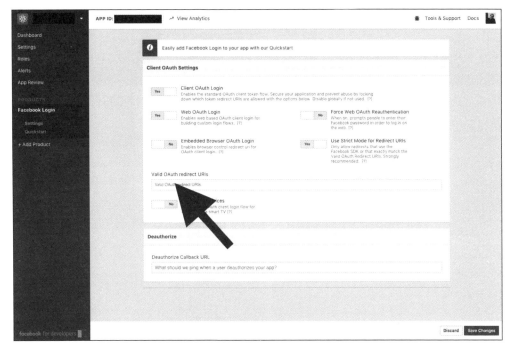

圖 8：將 Firebase 的連結加入 Facebook app

接著按下 **Save Changes** 按鈕就完成工作了。

怎麼做…

1. 設置主控台後，我們要在 Firebase 身分驗證 API 呼叫式裡面加入一些來自
    Facebook 登入按鈕的邏輯：

圖 9：基本 app —— 添加 Facebook OAuth 按鈕

2. 接下來，我們要為按鈕掛上事件監聽器，並加入 Firebase Facebook 登入方
    法的邏輯：

```
let facebookLogin =
document.getElementById('fcbLogin');
facebookLogin.addEventListener('click', () => {
    // 待辦事項：加入邏輯。
}, false);
```

3. 在呼叫身分驗證 Firebase 函式之前，我們必須設置身分驗證供應器，見下
    面的程式：

```
// 1. 取得 FacebookAuthProvider 實例。
let facebookProvider = new
firebase.auth.FacebookAuthProvider();

// 2. 加入一些權限與範圍（可省略）
 facebookProvider.addScope('public_profile');
```

如果你想要知道 Facebook 支援的範圍,可以參考這份官方文件:
`https://developers.facebook.com/docs/facebook-login/`
`permissions`。

4. 設定必要的供應器物件後,呼叫 Firebase API:

```
firebase.auth().signInWithPopup(facebookProvider)
    .then(function(result) {
        console.log(result);
        let user = result.user;
    }).catch(function(error) {
        // 待辦事項:處理錯誤。
    });
```

5. 呼叫函式後,載入網頁並按下 Facebook 驗證按鈕。你會看到下圖的結果:

圖 10:使用 Facebook 個人資料來授權 Facebook app 登入

結果一如預期——我們可前往 Facebook app 身分驗證網頁，用自己的 Facebook 帳號來進行連接，太棒了！

當你打開 DevTools 主控台時，可以發現身分驗證的結果有預期的所有資訊。你可以看到各種安全令牌，裡面存有顯示名稱、照片 URL，以及 email，它們與我們之前要求的 user 物件有關。

 當你按下 Facebook 驗證按鈕時，就會前往另一個網頁。它是預設的行為：當你授權 app 時，就會被送回到實際的 app 網頁。我們可以加入下面的程式碼，用之前建立的 provider 物件來改寫這個行為：

```
provider.setCustomParameters({
  'display': 'popup'
});
```

 它會在互動視窗中顯示身分驗證網頁，免於在各個網頁之間來回跳躍。

我們已經成功地用 Firebase 實作 Facebook 身分驗證了。

實作 Twitter 登入

Twitter 擁有 3 億多位活躍的用戶，是世界上最常用的社群媒體平台，使得我們不得不將它整合到 app 裡面。這個食譜將說明如何使用 Firebase API 來啟用與實作 Twitter 身分驗證。

準備工作

在寫程式之前，我們必須在 app 裡面做一些設定。如下圖所示，前往 **Firebase Console | Authentication | SIGN-IN METHOD** 標籤並啟用 **Twitter** 選項：

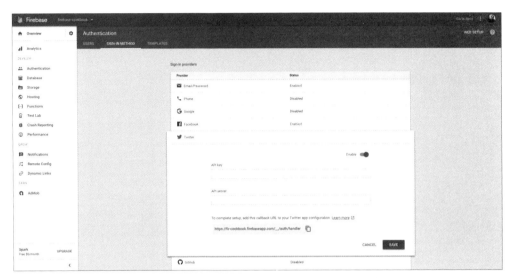

圖 11：在 Firebase 專案主控台啟用 Twitter 身分驗證

接下來要建立一個 Twitter app，來取得 app 的金鑰與私密資訊。

前往 `https://apps.twitter.com/` 並建立 Twitter app。完成後，前往 **Keys and Access tokens** 部分，抓取那裡的金鑰與私密資訊，再複製到 Firebase 主控台。

怎麼做…

1. 在我們建立的身分驗證網頁中有下列選項：

圖 12：加入 Twitter 身分驗證按鈕

2. 接著用 JavaScript 程式來綁定一切事物：

```
let twitterLogin =
document.getElementById('twitterLogin');
twitterLogin.addEventListener('click', () => {
    // 待辦事項：在這裡加入邏輯。
});
```

3. 使用下面的程式來設置 twitterProvider 物件：

```
 var twitterProvider = new
firebase.auth.TwitterAuthProvider();
```

4. 接著用這段程式來使用 Firebase 身分驗證 API：

```
firebase.auth().signInWithPopup(
 twitterProvider).then(function
(result) {
console.log(result);
}).catch(function (error) {
 // 在這裡處理錯誤。
});
```

完整的程式是：

```
let twitterLogin =
 document.getElementById('twitterLogin');
twitterLogin.addEventListener('click', () => {
    // 1. 取得 TwitterAuthProvider 實例。
    var twitterProvider = new
    firebase.auth.TwitterAuthProvider();
 firebase.auth().signInWithPopup(
  twitterProvider).then(function
 (result) {
     console.log(result);
     var user = result.profile;
   }).catch(function (error) {
    // 待辦事項：處理錯誤。
   });
});
```

按下按鈕後，可得到下列的結果：

Authorize Packt Firebase Cookbook to use your account?

Authorize app   Cancel

This application will be able to:

- Read Tweets from your timeline.
- See who you follow.

Will not be able to:

- Follow new people.
- Update your profile.
- Post Tweets for you.
- Access your direct messages.
- See your email address.
- See your Twitter password.

Packt Firebase Cookbook
fir-cookbook.firebaseapp.com/

Firebase - Twitter connection proof of concept

You can revoke access to any application at any time from the **Applications tab** of your Settings page.

By authorizing an application you continue to operate under **Twitter's Terms of Service**. In particular, some usage information will be shared back with **Twitter**. For more, see our **Privacy Policy**.

圖 13：使用 Twitter 帳號來授權我們的 app

這個視窗會要求我們使用 Twitter 帳號來授權 app。我們可以用它來取得 Twitter 個人資訊中的所有資訊，包括照片與所有個人資訊。接下來你要找到最適合的方式在 app 中使用它。

實作 Google 登入

Google 郵件（簡稱 Gmail）受到廣泛的使用。它也是大量的網站與行動 app 最重要的身分驗證方法之一，因為它使用安全的 Google 身分驗證系統來確保安全。它快速、可靠，而且可以當成建立帳號的基本詮釋資料來源。這個食譜將說明如何在 app 中設置與實作 Google 登入驗證。

準備工作

在寫程式之前，我們要先設置 app，在 Firebase 主控台中承載 Google 登入功能。前往 Firebase **Console** | **Authentication** | **SIGN-IN METHOD**，並啟用 **Google** 選項（圖 14）：

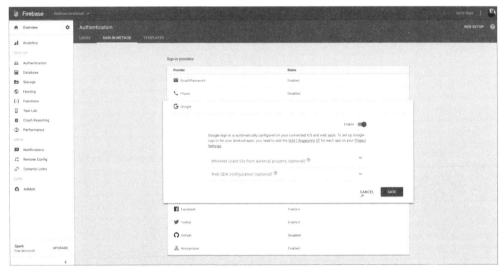

圖 14：在 Firebase Project Console 啟用 Google 身分驗證

因為現在 Firebase 已經整合 Google 雲端主控台了，當你啟用 Google 身分驗證時，它就會被自動設置。也就是說，我們不需要建立 Google 登入應用程式並設置它，就可以直接使用它。

怎麼做⋯

1. 我們已經為應用程式建立一個新的連結按鈕，並且在 JavaScript 中設置它的參考了。這是設置 Google 登入按鈕後的畫面（圖 15）：

圖 15：為基本的 app 加入 Google 驗證按鈕

2. 接下來，用 app 的 JavaScript 程式來綁定 **Sign in with Google** 按鈕，程式碼如下：

```
let googleLogin =
document.getElementById('googleLogin');
googleLogin.addEventListener('click', () => {
    // 待辦事項：在這裡處理 Google 身分驗證。
});
```

3. 如同其他的身分驗證方法，我們要先建立一個身分驗證供應者物件，如下列程式所示：

```
var googleProvider = new
firebase.auth.GoogleAuthProvider();
```

4. 接著使用剛才設置的供應者物件，並呼叫 Firebase 身分驗證 API：

```
firebase.auth().signInWithPopup(
 googleProvider).then(function(result) {
   console.log(result);
   var user = result.user;
 }).catch(function (error) {
   // 待辦事項：在這裡處理錯誤。
 });
```

5. 現在程式是：

```
let googleLogin =
document.getElementById('googleLogin');
googleLogin.addEventListener('click', () => {
  // 1. 取得 TwitterAuthProvider 實例。
  var googleProvider = new
  firebase.auth.GoogleAuthProvider();
  firebase.auth().signInWithPopup(
  googleProvider).then(function(result) {
      console.log(result);
      var user = result.user;
  }).catch(function (error) {
      // 待辦事項：在這裡處理錯誤。
      console.log(error);
  });
});
```

6. 按下 **Login** 按鈕之後，會出現一個新互動視窗。選擇想要使用的帳號之後，我們就可取得連接 app 的使用者的個人檔案了，它裡面有基本資訊以及我們需要的安全令牌。

工作原理

要用新 Firebase 與 Google 帳號來連接，我們只需要建立 Google 雲端主控台應用程式，並抓取想要的資訊即可。Firebase 與 Google 雲端主控台之間的連結與移轉讓我們很方便，你只要啟用一些選項並使用 API 來連接就可以了。

取得使用者的詮釋資料

在許多情況下，你可以用使用者的個人資訊來填寫使用者儀表板。這是很好的做法，尤其是當你的商業 app 採用 Firebase 時。Firebase 身分驗證 API 提供一種簡便的方式來讓你取得經過驗證的使用者的詮釋資料資訊，這個食譜將介紹具體的做法。

怎麼做⋯

1. 如下面的程式區塊所示，我們在程式的身分驗證部分使用 currentUser() 函式：

```
var user = firebase.auth().currentUser;
var currentUser = {};
if (user != null) {
 currentUser.name = user.displayName;
 currentUser.email = user.email;
 currentUser.photoUrl = user.photoURL;
 currentUser.emailVerified = user.emailVerified;
 currentUser.uid = user.uid;
}
```

我們可以用這段程式來取得目前的使用者資訊，並用它來滿足需求。

工作原理

若要取得使用者詮釋資料，使用者必須先進行完整的身分驗證，之後，currentUser 物件就代表目前通過完整驗證的使用者。

我們要取得 user 物件並檢查它的值是不是 null。如果它是 null，代表目前這個應用程式沒有任何通過驗證的使用者。如果它不是 null，則取得使用者的詳細資訊，並使用這位連接的使用者的各種資訊。

連結多個身分驗證服務供應者

假設我們遇到下面的情況：有使用者用 email / 密碼驗證建立新的個人資訊，接著填寫他的個人資料並保存。當他登出後想要再登入，看到登入畫面上的 OAuth 按鈕時會做什麼事情？正常的行為是使用不同的 OAuth 驗證方法，而不是再次加入 email / 密碼。

在許多 OAuth 驗證選項中選擇一個選項會產生一種問題：這樣會自動建立一個新帳號，也就是說，使用者會做沒必要的動作。因此，我們要將多個帳號連結成一個。

也就是說，特定的使用者會將他的所有 OAuth 驗證個人資訊連結成一個，如果他們使用另一種身分驗證方法，就可以登入第一次建立的帳號。

這個食譜將介紹如何將目前的帳號連接社群身分驗證機制。

怎麼做…

假設我們有個使用者個人資訊設定網頁，裡面有一個地方可以連結這些帳號。接下來，我們必須做這些工作：

1. 為每一種支援的身分驗證方法建立一個供應者物件：

```
let facebookProvider = new
firebase.</span>auth.FacebookAuthProvider();
let twitterProvider = new
firebase.auth.TwitterAuthProvider();
let googleProvider = new
firebase.auth.GoogleAuthProvider();
```

2. 使用 Firebase 身分驗證 API、linkWithPopup() 函式與我們選擇的供應者：

```
auth.currentUser.linkWithPopup(<wanted-
Provider>).then(function(result) {
   // 待辦事項：處理成功的回應。
}).catch(function(error) {
   // 待辦事項：處理錯誤的回應。
});
```

工作原理

連結帳號可讓使用者將各種不同的社群帳號整合成一個統一帳號,它背後的邏輯相當簡單。API 做了下列的工作:

1. 使用你選擇的社群媒體來驗證。

2. 抓取並儲存通過驗證的個人資訊與所需的 UID,接著將它們存入 Firebase 使用者帳號。

5

使用 Firebase 規則來保護
應用程式流程的安全

本章將討論以下的主題：

- 設置 Firebase Bolt 語言編譯器
- 設置資料庫的資料安全規則
- 設置資料庫使用者的資料安全規則
- 設置存儲檔案安全規則
- 設置使用者存儲檔案的安全規則

簡介

對所有現代應用程式而言，具備良好的身分驗證系統是件好事，但我們也要保護我們擁有的資訊，確保誰可以存取哪些東西，或誰可以看到哪些東西，這是基本的需求，因為我們只希望讓註冊的使用者可以使用（舉例）Packtpub（本書原文出版社）資料庫的內容。此外，除非你的應用程式是開放給所有人使用的 Floppy Bird，否則現在這種行為已經是標準的做法了。

事實上，Firebase 具備一個強大的授權系統，範圍橫跨應用程式的各個部分，從 Storage 到 Real-time Database。瞭解如何有效且成功地處理授權系統，可讓 app 更安全，並且讓使用者感覺有彈性。

在開始之前，我們必須瞭解 Firebase 如何真正執行或應用這些安全計畫，以及需要用哪些語言來啟用授權部分。為了簡化，我們要用 Firebase 一種稱為 **Bolt** 語言的東西。

本章將用美味的食譜來說如何運用強大的 Firebase 授權系統，我們開始吧！

設置 Firebase Bolt 語言編譯器

Firebase 團隊知道我們想要有更穩健的系統，可在本地端操作，而且對開發人員更友善，所以建立了 Bolt 語言。根據 Firebase 團隊的說法：

> *"Bolt 語言是當成既有的 Firebase JSON 規則語言的前端來使用的方便語言。"*

為了在本地使用它，我們必須在開發機器安裝 NodeJS 公用程式，啟動終端機 / cmd，輸入下面的命令：

```
~> npm install -g firebase-bolt
```

這個命令會在本地安裝 Firebase Bolt 編譯器。接著建立一個新檔案，幫它取一個名稱，別忘了將它的副檔名取為 .bolt。

接著在終端機 / cmd 裡面輸入下面的命令來編譯這個檔案：

```
~> firebase-bolt <your-file-name>.bolt
```

它會用你加入的 Bolt 規則翻譯的 Firebase 規則語言來產生一個新的 .json 檔。

設置資料庫的資料安全規則

在啟動甚至測試 app 時，保護資料庫是非常重要的事情，簡單來說，我們不希望出現任何不想要的行為，或進一步來說，不希望有任何安全漏洞。這個食譜說明如何妥善地保護 Firebase 資料庫。

準備工作

在閱讀這個食譜之前，先確保你已經設置好系統，可支援 Bolt 語言了。

怎麼做…

為了保持真實，假設我們想在這個平台裡面開發下一代的部落格平台，所以基本上，我想要讓所有的貼文都能被公開。你只要這樣寫就可以用 Firebase Bolt 做這件事：

```
path /articles {
  read() {
     true
  }
  write() {
     isLoggedIn()
  }
}
type Article {
 title:ArticleTitle
 Content :ArticleContent
 Author : currentUser()
}
type ArticleTitle extends String {
 validate() {
 this.length > 0 && this.length <= 200
 }
}
type ArticleContent extends String {
 validate() {
 this.length > 0 && this.length <= 1000
 }
}
currentUser() { auth.uid }
isLoggedIn() { auth != null }
```

工作原理

解釋一下上面的 Bolt 規則：

1. 它保護文章的路徑，雖然讓大眾可以閱讀它們，但是他們必須登入才能執行寫入，也就是必須做身分驗證。isLoggedIn() 函式可藉由測試全域的 auth 變數是否為 null 來確定是否通過驗證。

2. 建立文章型態，文章型態有標題、內容，我們用長度來驗證這些型態，文章型態還有一個作者欄位，儲存目前通過驗證的使用者 uid。

設置資料庫使用者的資料安全規則

有時我們會保存一些與使用者有關的資料，那些資料與特定的使用者有關係，所以本食譜將說明如何實作它！

準備工作

在閱讀這個食譜之前，請先確保你已經設置好系統，讓它支援 Bolt 語言。

怎麼做…

下面是保護某位使用者的文章的做法：

```
path /articles/{uid}/drafts {
 /create {
   create() { isCreator(uid) }
 }
 /publish {
   update() { isCreator(uid) }
 }
 /delete {
   delete() { isCreator(uid) }
 }
}
isCreator(uid) { uid == auth.uid }
```

工作原理

我們來討論剛才施展的魔法！

1. 幫使用者在 Articles 網站的草稿部分設置一個新路徑，以動態改變的值 uid 來表示。

2. 保護那個特定路徑之下的子路徑，並檢查目前通過驗證的使用者的 uid 與目前在資料庫內操作該資料的人相同，來檢查路由的建立、發布與刪除。

3. 呼叫 isCreator 函式並傳入參數 uid 來檢查權限。

設置存儲檔案安全規則

檔案上傳服務或 Firebase Storage 服務的安全相當重要，換句話說，我們不希望有任何安全漏洞可刪除檔案存儲或危害檔案的存在。這個食譜將說明如何實作與設置存儲保護機制。

準備工作

要保護 Firebase Cloud 檔案，我們要讓 Cloud Storage 使用 Firebase 安全規則，這些規則可宣告誰可以存取哪些東西、定義資料的結構，以及如何儲存詮釋資料。

這代表我們準備使用非 Bolt 的語言。此外，為了讓這些規則生效，請前往你的 Firebase Project Console | **Storage** 部分 | **RULES** 標籤，將規則加入下圖顯示的區域內。

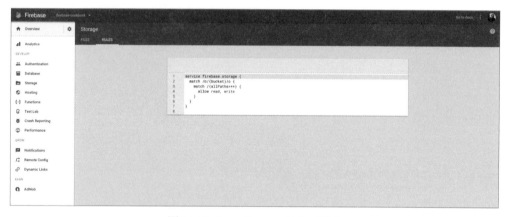

圖 1：Firebase Storage Rules 區域

我們在這個區域裡面定義這個食譜將採用的安全規則。

怎麼做⋯

假設 app 有兩種情況，第一種會開放給大眾，第二種只能讓經過驗證的使用者使用，我們來看看如何保護它們：

```
service firebase.storage {
  match /b/{bucket}/o {
    match /catgifs {
      match /{allGifs=**} {
        allow read;
      }
      match /secret/superfunny/{imageId} {
        allow read, write: if request.auth != null;
      }
    }
  }
}
```

工作原理

為了讓你瞭解 Firebase Storage Security 規則，以下逐行說明程式的規則：

1. `service firebase.storage`：這一行是不可或缺的，它會告訴 Firebase 我們想要保護的服務，在此是 Firebase/storage 服務。

2. `match /b/{bucket}/o`：這條規則結合另一種強大的系統，也就是匹配系統，Storage Rules 使用關鍵字來過濾**檔案路徑**，而 Firebase 的**萬用路徑**（**wildcards path**）也是支援嵌套匹配的匹配系統，本範例正是使用這個系統。另一個有趣的地方是這一行做的匹配：`/b/{bucket}/o`，它是為了確保 Cloud Storage 貯體裡面的檔案受到我們保護。

3. 上面談到的**萬用路徑**只是一種匹配模式，我們來分解它。本例想要匹配的路徑是 `"/catgifs/**"`，代表我們會用另一條規則來處理它裡面的每一個路徑，而 `allow` 則是用來允許 `read` 或 `write` 操作，或兩者。

4. 在上面的匹配中，我們確保只有通過驗證的使用者具備寫入權限，本例使用 `{imageId}` 萬用符號（這是一種簡單的匹配符號，代表該資源的每一個元素 id），並且允許讀與寫，以防傳送的 `request` 存有 `auth` 屬性，除了這些物件之外都是全域的，所以你不需要定義它們。

設置使用者存儲檔的安全規則

使用者有時會在我們的系統裡面儲存他們自己的檔案，因此保持資料的完整與存在是非常重要的事情。這個食譜將介紹如何設置使用者的檔案存儲系統。

準備工作

你必須先執行下面的準備步驟：

1. 在開始閱讀這個食譜之前，請先設置好系統，以支援 Bolt 語言。

2. 我們將使用非 Bolt 的語言。此外，為了讓這些規則生效，前往你的 Firebase Project Console｜**Storage** 區域｜**RULES** 標籤，在那裡加入它們（圖 2）：

圖 2：Firebase Storage 授權區域

我們會在這個區域定義這些食譜即將使用的安全規則。

怎麼做…

假設我們不想要讓任何人讀取甚至寫入使用者的檔案（寫入代表在另一位使用者的私人空間加入新檔）具體的做法如下：

```
match /secured/personal/{userId}/images/{imageId} {
  allow read: if request.auth.uid == userId;
}
match /secured/personal/{userId}/books/{bookId} {
  allow read: if request.auth.uid == userId;
}
```

```
match /secured/personal/{userId}/images/{imageId} {
  allow write: if request.auth.uid == userId &&
       request.resource.size < 15 * 1024 * 1024 &&
request.resource.contentType.matches('image/.*');
 }
match /secured/personal/{userId}/books/{bookId} {
  allow write: if request.auth.uid == userId &&
    request.resource.size < 100 * 1024 * 1024 &&
    request.resource.contentType.matches(
    'application/pdf');
 }
```

工作原理

上面的規則做了這些事情：

1. 我們要保護使用者的媒體，所以建立一個具備兩個動態參數的新路由：用來管理身分驗證的 usersId，以及圖像 id。我們在前兩個 match 使用 allow 規則來允許讀取圖像與書籍。如果使用者通過驗證，且請求的 uid 匹配要求讀取的那位使用者的 uid 時，他們就可以讀取。

2. 在接下來的兩個匹配做一些內容類型的管理；當我們保護圖像時，必須確定貯體的那個部分裡面的圖像的確是圖像，書籍也是如此。我們也做了一些大小的管理，檢查圖像或書籍是否超過預定的檔案大小上限。

6

以 Firebase 實作
漸進增強式 App

本章將討論以下的主題：

- 將 Node-FCM 整合到 NodeJS 伺服器
- 實作服務工作
- 用 Socket.IO 傳送 / 接受註冊
- 用 post 請求傳送 / 接受註冊
- 接收網路推送通知訊息
- 自訂通知訊息

簡介

在快速變化的網路環境下，漸進增強式網路 app（簡稱 PWA）已經成為現在的新趨勢。產生這種趨勢的原因是行動生態系統獲得巨大的進展，讓我們可以結合離線顯示、推送通知與可安裝的性質（installable nature）來提供簡便的功能。以往這類功能是很難製作的，但是瀏覽器製造商勇於面對這些挑戰，導致漸進增加式網路 app 構想的產生。

本章將用各種食譜來展示如何運用 Firebase 將任何 app 變成強大、完全最佳化的漸進增加式網路 app。我們開始這趟旅程吧！

將 Node-FCM 整合到 NodeJS 伺服器

請記得目前我們進行的是 NodeJS 專案，接下來將介紹如何將 FCM 完全整合到任何 Nodejs app 裡面。這個程序比較簡單且直接，你可以在幾分鐘之內瞭解做法。

怎麼做⋯

假設我們已經設定好專案工作環境了，接下來要安裝一些依賴項目，以確保一切都可流暢地運行：

1. 打開終端機（如果你使用 macOS/Linux）或 cmd（如果你使用 Windows），輸入下面的命令：

   ```
   ~> npm install fcm-push --save
   ```

   這個命令可下載 fcm-push 程式庫並將它安裝在本地端。執行這個命令可協助你管理 "網路推送通知" 的傳送程序。

   NodeJS 生態系統具備 npm。為了在工作機器上使用它，你必須下載 NodeJS 並且設置系統。下面是 NodeJS 的官方連結，請下載並安裝適合你的系統的版本：https://nodejs.org/en/download/。

2. 在本地端成功安裝程式庫之後，為了將它與 app 整合並開始使用它，我們必須寫另一行程式。在本地端開發專案中建立一個用來保存這個功能的新檔案，並編寫下面的程式碼：

   ```
   const FCM = require('fcm-push');
   ```

恭喜你完成了！接下來的食譜要介紹如何在傳送過程中進行管理，以及如何傳送使用者的網路推送通知。

實作服務工作

事實上，服務工作（service worker）是之前的網路環境缺失的一環。它可以讓使用者覺得網路 app 在任何狀態下都有互動性，例如，經過整合之後，它可經由通知訊息、離線狀態（沒有連接網路）及其他管道來提供互動性。這個食譜將介紹如何將服務工作與 app 整合。

服務工作檔案是事件驅動的，所以它們裡面發生的所有事情都是事件造成的。因為它是 JavaScript，我們可將監聽器掛在任何事件上，做法是提供一種特殊的邏輯，讓事件用它的預設方式來表現。

你可以到下面的網址進一步瞭解服務工作以及如何使用它們，來為 app 製作本書沒有談到的各種功能——https://developers.google.com/web/fundamentals/getting-started/primers/service-workers。

怎麼做⋯

服務工作住在瀏覽器內，所以將它們加入前端是最適合的做法。

1. 我們要建立一個名為 firebase-messaging-sw.js 與名為 manifest.json 的檔案。JavaScript 檔案是服務工作檔，承載所有主要的工作負載（workload），而 JSON 檔是個詮釋資料組態檔。

2. 之後，你也要建立 app.js 檔，它將是我們授權與自訂 UX 的起點。接下來會說明各個檔案的重要性，現在先在 firebase-messaging-sw.js 檔案裡面加入下面的程式碼：

    ```
    //[*] 匯入 Firebase 需要的依賴關係
    importScripts('https://www.gstatic.com/firebasejs/
    3.5.2/firebase-app.js');
    importScripts('https://www.gstatic.com/firebasejs/
    3.5.2/firebase-messaging.js');

    // [*] Firebase 組態設置
    var config = {
    apiKey: "",
    authDomain: "",
    databaseURL: "",
    storageBucket: "",
    ```

```
messagingSenderId: ""
};
//[*] 初始化 Firebase app。
firebase.initializeApp(config);

// [*] 初始化 Firebase 傳訊物件。
const messaging = firebase.messaging();

// [*] SW 安裝狀態事件。
self.addEventListener('install', function(event) {
    console.log("Install Step, let's cache some
    files =D");
  });

// [*] SW 啟動狀態事件。
self.addEventListener('activate', function(event) {
console.log('Activated!', event);});
```

在任何服務工作檔裡面，install 事件一定都是最新觸發的。我們可在這個事件裡面處理任何事件，以及加入自訂邏輯，包括 "將 app 的本地端複本存在瀏覽器快取裡面"，以及任何你想做的事情。

3. 在 manifest.json 詮釋資料檔案裡面加入下面的程式碼：

```
{
  "name": "Firebase Cookbook",
  "gcm_sender_id": "103953800507"
}
```

工作原理

為了讓程式運作，我們要做這些事情：

1. 使用 importScripts（你可以將它視為具備 src 屬性的 HTML 腳本標籤）來匯入 Firebase app 與 messaging 程式庫。接著加入 Firebase 組態設置物件，前面已經介紹該去哪裡抓取物件內容了。

2. 用組態檔初始化 Firebase app。

3. 建立 `firebase.messaging` 程式庫的參考——切記，Firebase 的所有東西都要先取得參考。

4. 監聽 `install` 與 `activate` 事件，並在瀏覽器除錯工具中印出一些方便的 `stdout` 訊息。

我們也要在 `manifest.json` 檔案裡面加入下面的詮釋資料：

1. 應用程式名稱（選擇性）。

2. `gcm_sender_id` 與它的值。請記得，這個值在你的所有專案與將來建立的新專案之中都不會改變。

> `gcm_sender_id` 這一行將來可能會被棄用，請你留意事態的發展。

用 Socket.IO 傳送 / 接受註冊

到目前為止，我們已經整合了 FCM 伺服器，並讓服務工作可以承載自訂邏輯了。如前所述，我們要傳送網路推送通知給使用者，來擴展他們的 app 體驗。最近，網路推送通知被視為一種超酷的應用，從 Facebook 到 Twitter 到各式各樣的電子商務網站都充分利用它。在第一種做法中，我們要瞭解如何用 Socket.IO 來實作這個功能。

為了讓 FCM 伺服器掌握所有用戶端（基本上就是瀏覽器），瀏覽器製造商有所謂的 `registration_id`。這個安全令牌是每一個瀏覽器獨有的安全令牌，它代表我們的用戶端，必須送給 FCM 伺服器。

> 每一個瀏覽器都會生成它自己的 `registration_id` 安全令牌。所以舉例來說，如果你的使用者最初使用 chrome 與伺服器互動，之後改用 firefox，他就不會收到網路推送通知訊息，你必須傳遞另一個安全令牌才可以再讓他收到通知。

怎麼做…

1. 前往第一個食譜建立的 NodeJS 專案，下載 node.js socket.io 依賴項目：

   ```
   ~> npm install express socket.io --save
   ```

2. Socket.io 也是基於事件的，我們可用它來為所擁有的每項東西以及原生的東西建立自訂的事件。此外，我們也安裝 ExpressJS 來建立 socket.io 伺服器。

3. 接下來，用 express 來設置 socket.io 伺服器。本例使用下面的程式碼：

   ```
   const express = require('express');
   const app = express();
   app.io = require('socket.io')();

   // [*] 設置我們的靜態檔案。
   app.use(express.static('public/'));

   // [*] 設置路由。
   app.get('/', (req, res) => {
       res.sendFile(__dirname + '/public/index.html');
   });

   // [*] 設置我們的通訊端連結。
   app.io.on('connection', socket => {
    console.log('Huston ! we have a new connection
       ...');
   })
   ```

   我們來討論上面的程式碼，它做了下面的事情：

- 匯入 express 並建立一個新的 express app。

- 使用動態物件的強大功能，藉由 express app 的新子物件來納入 socket.io 套件。這種整合可讓 express app 支援 socket.io 的使用。

- 指定公用資料夾為靜態檔案資料夾，它將保存 HTML/CSS/Javascript/IMG 資源。

- 監聽 connection，有新用戶端連接時，它就會被觸發。

- 有新連結時，在主控台印出人性化的訊息。

4. 我們來設置前端。打開公用資料夾裡面的 index.html 檔案，在網頁的開頭加入下面這一行：

```
<script src="/socket.io/socket.io.js"></script>
```

5. socket.io.js 檔案會在 app 啟動期間提供，所以如果你的本地端還沒有它的話，不用擔心。接下來，在 index.html 檔案內，在 <body> 的關閉標籤之前加入下面的程式碼：

```
<script>
    var socket = io.connect('localhost:3000');
</script>
```

在上面的程式碼中，我們將前端連接到 socket.io 後端。我們的伺服器在連接埠 3000，因此可確保兩個 app 可同步運行。

6. 在 app.js 檔案裡面（之前的食譜建立的，如果你還沒建立，請建立並匯入它）加入下面的程式碼：

```
//[*] 匯入 Firebase 需要的依賴關係
importScripts('https://www.gstatic.com/firebasejs/
  3.5.2/firebase-app.js');
importScripts('https://www.gstatic.com/firebasejs/
  3.5.2/firebase-messaging.js');

// [*] Firebase 組態設置
var config = {
 apiKey: "",
 authDomain: "",
 databaseURL: "",
 storageBucket: "",
 messagingSenderId: ""
};
//[*] 初始化 Firebase app。
firebase.initializeApp(config);

// [*] 初始化 Firebase 傳訊物件。
const messaging = firebase.messaging();
```

別忘了在你的 index.html 檔案裡面匯入 app.js 檔。我們接下來要說明如何抓取 registration_id 安全令牌：

1. 如前所述，每個瀏覽器都有一個獨有的註冊安全令牌。但是在使用它之前，你要知道這個安全令牌是一種私密的東西。為了避免它們被不適當的人取得，你無法隨意取得它們，若要取得它們，你必須請求 **Browser User Permission**（瀏覽器使用者權限）。你可以在任何特定的 app 中使用它，我們來看一下具體的做法。

 為了防止 registration_id 安全令牌被破解，它被視為會威脅使用者的安全與隱私的東西，因為當攻擊者或駭客取得安全令牌後，他們就可以傳送含有惡意內容的訊息給使用者，所以保存這些安全令牌很重要。

2. 接下來，在之前建立的 app.js 檔案裡面的 Firebase 訊息參考下面加入這些程式碼：

```
messaging.requestPermission()
    .then(() => {
        console.log("We have permission !");
        return messaging.getToken();
    })
    .then((token) => {
        console.log(token);
        socket.emit("new_user", token);
    })
    .catch(function(err) {
     console.log("Huston we have a problem !",err);
    });
```

我們使用 socket.io 強大的功能來送出安全令牌。要取得它，我們要監聽同一個事件，期望可從 NodeJS 後端取得一些資料。接著說明如何接收安全令牌：

1. 回到 app.js 檔案，在 connection 事件裡面加入下面的程式碼：

```
socket.on('new_user', (endpoint) => {
  console.log(endpoint);
  // 待辦事項：將端點 aka.registration_token，
     放到安全的位置。
  });
```

2. 我們的 `socket.io` 邏輯很像下面的程式碼：

```
// [*] 設置通訊端連結。
app.io.on('connection', socket => {
   console.log('Huston ! we have a new connection
      ...');
   socket.on('new_user', (endpoint) => {
    console.log(endpoint);
   // 待辦事項：將端點 aka.registration_token，
      放到安全的位置。
   });
});
```

設好雙向連結之後，我們要抓取那個 `registration_token`，並將它存在安全的地方備用。

工作原理

食譜的第一部分做了這些事情：

1. 使用 `importScripts` 來匯入 Firebase app 以及傳訊程式庫，你可以將 `importScripts` 視為有 src 屬性的 HTML script 標籤。接著宣告 Firebase Config 物件。之前的章節提過，你可以抓取那個物件的內容。

2. 用 config 檔初始化 Firebase app。

3. 建立 `firebase.messaging` 程式庫的參考——切記，Firebase 的一切都始於參考。

說明一下我們在本節取得 `registration_token` 時做了什麼事情：

1. 使用之前建立的 Firebase messaging 執行 `requestPermission()` 函式，這個函式會回傳一個 promise。

2. 接下來（如果你有照著這個食譜來操作的話）啟動開發伺服器後，你會從網頁得到一個請求（圖 1）：

圖 1：通知授權請求

3. 回到程式碼。如果我們允許通知，promise 解析程式就會執行，接著 `themessaging.getToken()` 會回傳 `registration_token` 值。

4. 接著用 socket 以 `new_user` 之名送出那個安全令牌。

> 與之前的說明一樣，`Socket.io` 使用網路通訊端，通訊端是以事件為基礎的。所以為了在節點之間建立雙向連結，我們必須給事件一個名稱並送出它，接著監聽具備那個名稱的同一個事件。

請記得 `socket.io` 事件的名稱，因為稍後的食譜也會使用它。

用 post 請求傳送 / 接受註冊

我們接下來要採取有異於之前在 `Socket.io` 中使用的方法來使用 post 請求。也就是說，我們要使用 REST API 來處理所有事情。它也會在一個安全的地方儲存 `registration_token` 值。我們來看一下如何設置它。

怎麼做…

1. 先編寫 REST API。我們將要建立一個 express post 端點。這個端點會將資料傳送到伺服器，但是在那之前，我們要先用這行命令來安裝一些依賴項目：

```
~> npm install express body-parser --save
```

說明一下剛才做的事情：

- 用 npm 將 ExpressJS 下載到開發目錄。

- 我們也下載 body-parser。這是一種 ExpressJS 中介軟體，會在 body 子物件承載所有 post 請求資料。這個模組在 NodeJS 社群很常見，你幾乎可以在任何地方發現它。

2. 接著要設置 app。打開 app.js 檔案，加入下面的程式碼：

```
const express = require('express');
const app = express();
const bodyParser = require('body-parser');

// [*] 設置內文解析器（Body Parser）。
app.use(bodyParser.json());

// [*] 設置路由。
app.post('/regtoken', (req, res) => {
  let reg_token =req.body.regtoken;
  console.log(reg_token);
  // 待辦事項：將這個安全令牌放在安全的地方，並且做一些神奇的事情。
});
```

我們在上面的程式中做了下面的事情：

- 匯入依賴關係，包括 ExpressJS 與 BodyParser。

- 在第二步驟註冊內文解析器（body parser）中介軟體。你可以參考 https://github.com/expressjs/body-parser 來更深入瞭解內文解析器，以及如何妥善地設置它。

- 接著建立一個 express 端點或路由。這個路由將要承載自訂的邏輯，來管理使用者送來的註冊安全令牌的擷取。

3. 接著我們要看一下如何從使用者端傳送註冊安全令牌。你可以在這個步驟使用任何一種 HTTP 用戶端。但是為了避免節外生枝，我們使用瀏覽器的原生擷取 API。

4. 我們已經成功地設置路由了，它可以承載我們想要的功能。我們來看看如何
   取得 registration_token 值，並使用 post 請求來將它送給伺服器，以
   及名為 fetch 的原生瀏覽器 HTTP 用戶端：

```javascript
messaging.requestPermission()
  .then(() => {
      console.log("We have permission !");
      return messaging.getToken();
  })
  .then((token) => {
      console.log(token);
      //[*] 傳送安全令牌
      fetch("http://localhost:3000/regtoken", {
        method:"POST"
      }).then((resp) => {
          //[*] 處理伺服器回應。
      })
      .catch(function(err) {
          //[*] 處理伺服器錯誤。
      })
  })
  .catch(function(err) {
      console.log("Huston we have a problem !", err);
  });
```

工作原理

解釋一下上面的程式碼做了些什麼：

1. 使用稍早建立的 Firebase messaging 參考執行 requestPermission() 函
   式，這個函式會回傳一個 promise。

2. 如果你有按照這個食譜操作的話，當你啟動開發伺服器之後，會從網頁收到下面的授權請求：

圖 2：Application Notification 授權請求

3. 回到程式碼，如果我們允許這個通知，promise 解析器就會執行，接著會從 `messaging.getToken()` 回傳 `registration_token` 值。

4. 接下來使用 Fetch API，在第一個參數傳入一個 URL，以及一個方法名稱 `post`，並處理錯誤。

知道在用戶端與伺服器之間交換資料的各種方法之後，下一個食譜將介紹如何從伺服器取得網路推送通知訊息。

接收網路推送通知訊息

我們可以肯定地說，事態是往好的方向發展的。我們已經在上一個的食譜中設置將要送給伺服器的訊息了，接下來要從伺服器送來的網路推送訊息中取回訊息。這是已被證實，可取得更多線索以及重新找回舊用戶的有效方式。它肯定是重新接觸使用者的方法，成功的案例是不會騙人的。Facebook、Twitter 與電子商務網站都是活生生的例子，它們都用網路推送訊息來影響你的生活與應用程式。

怎麼做…

我們來看看如何釋放推送訊息的威力。它的 API 與做法都再簡單不過了，我們就直接動手做吧！

1. 在 `firebase-messaging-sw.js` 檔案內編寫下面的程式碼：

```
// [*] 可讓我們處理背景推送通知的特殊物件
messaging.setBackgroundMessageHandler(function(payload)
  { return
self.registration.showNotification(payload.data.title,
      body: payload.data.body);
  });
```

解釋一下上面的程式碼：

- 使用以 Firebase messaging 程式庫建立的傳訊物件，呼叫 `setBackgroundMessageHandler()` 函式。這代表我們會抓取在背景收到的所有訊息。

- 用 self 服務工作物件呼叫 `showNotification()` 函式，傳給它一些參數。第一個參數是標題，它是從伺服器抓到的，接下來會說明如何抓取它。第二個參數是訊息的內文。

2. 準備好接收訊息的前端之後，我們要從伺服器傳送訊息，做法如下：

```
var fcm = new FCM('<FCM_CODE>');
var message = {
   to: data.endpoint, // 應該填入裝備的安全令牌或主題
   notification: {
      title: data.payload.title,
      body: data.payload.body
   }
};
   fcm.send(message)
  .then(function(response) {
console.log("Successfully sent with response: ",
   response);
  })
  .catch(function(err) {
   console.log("Something has gone wrong!");
   console.error(err);
  })
});
```

3. 最重要的部分是 FCM_CODE。你可以前往 Firebase Project **Console**，到 Firebase 主控台並按下 **Overview** 標籤來抓取它（圖 3）：

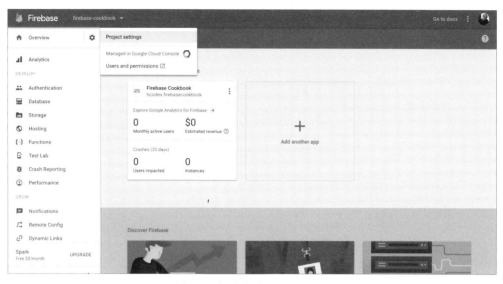

圖 3：取得專案的 FCM_CODE

4. 接著前往 **CLOUD MESSAGING** 標籤，並複製與貼上這個部分裡面的 **Server Key**（圖 4）：

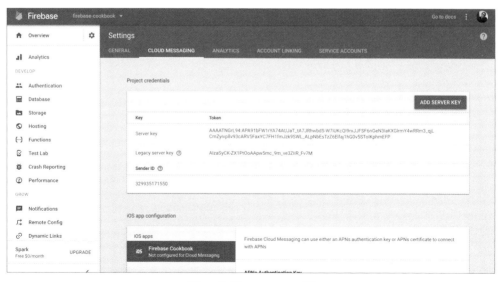

圖 4：取得 Server Key 碼

工作原理

接著來討論一下剛才寫的程式：

1. 上面的程式可以放在任何地方，也就是說，你可以在 app 的各個部分傳送推送通知。

2. 我們用註冊安全令牌與想要傳送的資訊來組合通知訊息。

3. 使用 `fcm.send()` 方法來將通知送給指定的伺服器。

恭喜！我們完成工作了，接著來測試這種奇妙的新功能吧！

自訂通知訊息

上面的食譜介紹如何傳送一般的通知。我們來加入一些控制程式，並說明如何加入一些圖片來稍微美化它。

怎麼做⋯

1. 在之前的程式裡面加入下面的 `messaging.` `setBackgroundMessageHandler()` 函式程式。完成後，程式長成這樣：

```
// [*] 可處理背景推送通知的特殊物件
messaging.setBackgroundMessageHandler(function(payload)
  {
    const notificationOptions = {
      body: payload.data.msg,
      icon: "images/icon.jpg",
      actions: [
        {
          action : 'like',
          title: 'Like',
          image: '<link-to-like-img>'
        },
        {
          action : 'dislike',
          title: 'Dislike',
          image: '<link-to-like-img>'
```

```
            }
          ]
      }
    self.addEventListener('notificationclick',
        function(event) {
        var messageId = event.notification.data;
        event.notification.close();
        if (event.action === 'like') {
    console.log("Going to like something !");
        } else if (event.action === 'dislike') {
    console.log("Going to dislike something !");
        } else {
    console.log("wh00t !");
        }
    }, false);
    return
self.registration.showNotification(
payload.data.title,notificationOptions);
});
```

工作原理

說明一下我們做了什麼事情：

1. 加入 notificationOptions 物件來承載一些會用到的詮釋資料，例如訊息的內文與圖像。此外，我們也在本例加入一些動作（action），在通知訊息中加入自訂的按鈕，範圍從 title 到 image，最重要的部分是 action 名稱。

2. 接著監聽 notificationclick，每當有個 action 被選擇時，它就會觸發。還記得我們之前加入的 action 欄位嗎？我們之後會以它為區分點（differentiation point）加入所有的 action。

3. 接著使用 showNotification() 函式來回傳並顯示通知。

7

Firebase Admin SDK

本章將討論以下的主題：

- 整合 Firebase Admin SDK
- 管理使用者帳號 —— 擷取使用者
- 管理使用者帳號 —— 建立帳號
- 管理使用者帳號 —— 刪除帳號
- 傳送通知

簡介

Firebase Admin SDK 可讓你用各種權限來操作主控台的各個部分，以提供更強大的功能。它除了可以傳送通知與操作使用者帳號之外，也可以操作 Realtime Database，並藉由生成安全令牌與身分驗證來管理安全。它是現今可用的選項中，最適合當成 app 管理儀表板的解決方案。

這個 SDK 可在各種環境中使用，從 NodeJS 到 Java、Python，包括各種實作層級。具備 NodeJS 的使用知識可讓我們操作它提供的所有功能，不過在別的生態系統中並非如此。所以我們要在 NodeJS 環境中使用 Firebase Admin SDK。

本章將說明如何透過 SDK 來管理，並建立一些很棒的新功能，它們可協助擴展 app 既有的能力。

整合 Firebase Admin SDK

這個食譜將討論如何在專案裡面整合 Firebase Admin SDK。這些步驟與在 Firebase 裡面做的其他整合一樣直接與簡單。

準備工作

因為我們要使用 Firebase Admin SDK NodeJS 用戶端,所以必須在開發機器安裝 NodeJS,直接前往 `nodejs.org/download` 並下載適合你的系統的版本。

怎麼做…

完成之後,為了確定系統裡面有 NodeJS,直接在系統輸入下面的命令:

```
~> node --version
```

如果一切順利,你會在開發機器上看到 NodeJS 版本。

接下來直接開始工作,編寫下面的命令,將專案初始化為 NodeJS app:

```
~> npm init
```

按照步驟來編寫你想要讓專案擁有的詮釋資料,或直接按下 return/enter,你就會建立 `package.json` 檔案。

接著下載 SDK 並將它併入專案,在終端機輸入下面的命令:

```
>~> npm i firebase-admin --save
```

這個命令會下載 Firebase Admin SDK 與它們的依賴項目到本地端。

接著前往 Firebase **Console**，到 **Overview** | **SERVICE ACCOUNTS**（圖 1）：

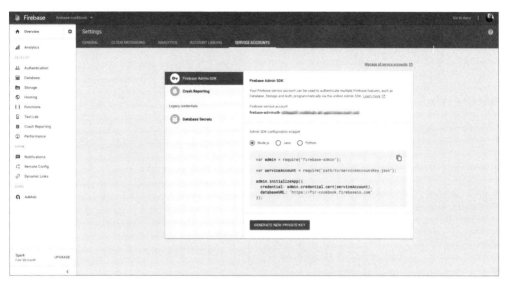

圖 1：設置 Firebase Admin SDK

按下 **GENERATE NEW PRIVATE KEY** 按鈕後，你會看到下面的歡迎互動視窗（圖 2）：

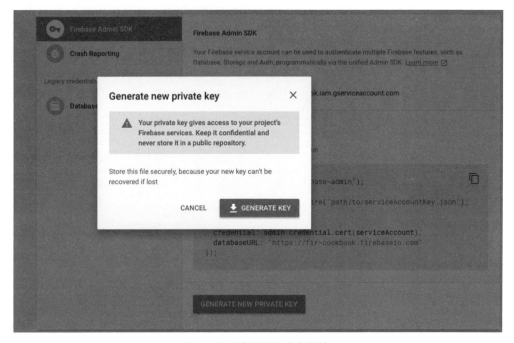

圖 2：生成與取得私密金鑰檔

接著按下 **GENERATE KEY** 按鈕，以下載安全 JSON 檔。

這個檔案儲存了對 Firebase 專案的 Admin 區域執行授權與建立安全連結所需的資訊，它有可保護連結的 `project_id`、`private_key` 與其他加密詮釋資料。

 請將這個檔案放在安全的地方，不要傳送它或讓大眾可取得它，因為你會用它裡面的資訊來進行安全連結，並且對使用者、資料、通知傳送及其他事項執行權限動作。所以，請在第一時間將它放在安全的地方。

接著複製／貼上 Firebase 提供的片段程式，以便在本地開發目錄中開始使用 Firebase Admin SDK，這樣就準備就緒了。

管理使用者帳號 —— 擷取使用者

Admin SDK 可在同一個範圍內提供更高級的 Firebase 功能，以及更好的處理方式及體驗。管理使用者的帳號包括建立／刪除使用者、用 email ID 或電話號碼擷取使用者、更改使用者帳號的屬性、讀取詮釋資料等功能。

這個食譜將介紹如何使用 Firebase Admin NodeJS 程式庫來擷取使用者。開始幹活吧！

怎麼做⋯

擷取使用者是常見的功能，任何一種平台都會使用，我們來看看如何用使用者的 email 與電話號碼來擷取他們。

我們先瞭解如何用 email 擷取使用者：

1. 打開已經建立並設置好的專案。加入下面的程式，來看看如何用 email 擷取使用者。

2. 假設我們有一個搜尋輸入與一個按鈕，它會傳送 post 請求給 NodeJS 後端，讓我們可以用 BodyParser 來讀取 post 請求的內文：

```
req.post('/users/search/email', (req, res) => {
  let email = req.body.email;
   admin.auth().getUserByEmail(email)
     .then(users => {
        //[*] 待辦事項：正確的使用者。
    })
     .catch(err => {
     logger.error(`[*] Huston we've an error:
      Error over getting users by email, with error:
      ${error}`)
       res.json({
     message: `External Error: getting user by email,
      error : ${error}`
       })
    })
  })
```

通常寫好上面的程式就完成工作了，你只要妥善地處理 API 發現的使用者並顯示他
就可以了。

接下來是用電話號碼來抓取使用者：

1. 為了搜尋電話號碼，你必須妥善地設置專案來執行查詢指令。先建立端點，
    假設電話號碼會透過 post 請求傳送。我們用 BodyParser 來抓取它，並將
    它注入請求內文物件。

2. 接著編寫下面的程式碼：

```
req.post('/users/search/phone', (req, res) => {
  let phoneNumber = req.body.phone;
  admin.auth().getUserByPhoneNumber(phoneNumber)
    .then(users => {
      //[*] 待辦事項：正確的使用者。
    })
    .catch(err => {
    logger.error(`[*] Huston we've an error:Error over
    getting users by phone number, with error: ${err}`)
    res.json({message: `External Error: getting user by phone
      number, error : ${err}`})
      })
})
```

你只需要妥善地處理使用者的傳送 / 顯示就可以了。

恭喜！你已經成功設置儀表板，可用 email 與電話號碼抓取使用者了。

管理使用者帳號 —— 建立帳號

我們只要使用 Firebase SDK，就可以直接使用一些詮釋資料在儀表板建立新帳號，
接著說明做法。

準備工作

為了執行這項工作，你需要一個表單，這個表單有許多欄位，包括 email、密碼、名稱，及其他。這個表單會執行 post 請求，從前端傳送資料給後端，也就是 API。我們要在 API 中建立一個新路由並加入自訂的邏輯，來處理這種請求。

怎麼做…

本例有個方便的伺服器，讓我們可以擁有一些基本的路由，我們會用這些路由來建立儀表板，目前我們需要取得一個協助我們建立使用者的路由，我們來看看如何實作它。

```
req.post('/create/users', (req, res) => {
    let {email, password, fullName, image} = req.body;
    admin.auth().createUser({
    email : email,
    password: password, // 必須至少六個字元長
        displayName: fullName,
        photoURL: image
    })
    .then(user => {
        //[*] 在回應裡面做一些事情！
    })
    .catch(err => {
        logger.error(`External Error:While creating new
         account, with error : ${err}`);
        res.json({
            message: `Error: while creating new account, with
         error: ${err}`})
        });
    })
})
```

Firebase 有一組欄位是你建立新帳號時必須填寫的，包括 uid、email、password、photoURL、phoneNumber、displayName 與其他，你可以參考官方文件的詳細說明 https://firebase.google.com/docs/auth/admin/manage-users。

我們在上面的程式中做了下面的事情：

1. 從 `req.body` 物件抓取所有欄位。

2. 呼叫 `createUser()` 函式並在裡面加入使用者詮釋資料。

3. 如果解析順利且帳號已建立，使用生成的 promise，否則在 Catch 部分尋找生成的錯誤，妥善地處理它。

管理使用者帳號 —— 刪除帳號

為了刪除帳號，Firebase Admin SDK 會要求你取得使用者 UID，這種 ID 可用許多方式抓取，不過有一種功能是讓使用者刪除他們自己的帳號，所以這種工具很實用。我們來看一下做法。

準備工作

我們想要在儀表板或設定網頁中加入一個按鈕讓使用者刪除他們的帳號，它會發送一個 post 請求給後端，呼叫 API 來刪除帳號。完成的程式應具備足夠的安全性來提供這種功能。

怎麼做⋯

我們來建立 API 並實作 Admin SDK 刪除功能：

```
req.post('/users/:uid/delete', (req, res) => {
    admin.auth().deleteUser(req.params.uid)
        .then(() => {
    //[*] 一切順利的話，回應是空的！
        })
    .catch(err => {
     logger.error(`External Error:While deleting user
       account, with ${req.params.uid}, & with error :
       ${err}`);
        res.json({
      message: `Error: while deleting your account,
      with error: ${err}`});
```

```
                });
            })
```

通常這樣就完成工作了，你接下來只要妥善地處理後端送來的回應就可以了，它應該
是空的，如果不是，就要處理所顯示的錯誤。

工作原理

在上面的程式中，我們建立了管理儀表板，並定義了對於 Firebase 實例的呼叫。這
些操作都取決於使用者 UID 的存在，它是唯一的使用者識別碼，我們必須在每次呼
叫函式時傳送它。

傳送通知

在第 6 章，以 *Firebase* 實作漸進增強式 *App* 中，我們介紹如何在 NodeJS 伺服器裡
面整合舊的 FCM 公用程式。現在 Firebase SDK 提供了更多樣的方法來傳送推送通
知訊息，此外，它可以和其他的服務良好地合作，我們來看看如何單純使用 Firebase
Admin SDK 來直接傳送推送通知給使用者。

怎麼做⋯

為了傳送推送通知訊息給使用者，我們必須取得他們的 registration_token，
這種安全令牌是從使用者瀏覽器端抓取的，無論它在行動裝置或桌機上。Google
Chrome 與 Mozilla Firefox 都支援這種功能，在寫這本書時，Safari 的 nightly
build 有這種功能，而 MS Edge 仍然在開發中。它與瀏覽器製造商是否支援服務工
作有關。

另一種方式是透過本地的行動 app，如果你有本地的行動 app，你可以取得
registration_token 並將它直接傳給 Firebase 實例。

要進一步瞭解如何取得 registration_token，請參考第 6 章，以 *Firebase*
實作漸進增強式 *App*。

我們也會在這裡介紹具體的案例。

想像一下，我們想要發送一份聲明，這份聲明有服務條款或類似的東西。這種聲明需要取得 app 使用者的認可，所以必須傳送通知給所有使用者。我們來看看如何執行這種操作：

```
req.post('/urgent/policy', (req, res) => {
let registrationTokens = [];
//[*] 待辦事項：從安全的地方抓取 registration_ids。
let payload = {
    notification: {
      title: "Policy changes!",
      body: "Please verify your account, our policy is
      changing"
    }
};
 admin.messaging().sendToDevice(registrationTokens,
 payload)
 .then(resp => {
   //[*] 妥善地處理回應
 })
 .catch(err => {
   logger.error(`External Error:While sending
 policy push notification, with error : ${err}`);
   res.json({
      message: `Error: while deleting your account,
 with error: ${err}`});
    });
});
```

現在你已經將緊急的改變成功送給使用者了，他們會收到通知，無論是透過手機或桌機。

假設現在你遇到另一種情況，使用者只想要看到新的 app 緊急訊息。我們可以用 Firebase 主題訂閱來做這件事，使用者要先在他們的行動網站訂閱 top_news 主題，在後端的第二個部分，你只要抓取任何的主要消息，並將它們傳給使用者即可。

 要瞭解如何在原生的 Android / iOS 專案執行 Firebase 主題訂閱，請參考第 *12* 章，改造 *App*。

接著來看看如何執行主題通知傳送：

```
//[*] 待辦事項：定義傳送方式：通常是用計時器或排程程式。
let topic = "top_news";
//[*] 待辦事項：定義訊息格式
let payload = {};
//[*] 傳送 payload 給主題，而不是 registration_ids。
    admin.messaging().sendToTopic(topic, payload)
    .then(resp => {
        //[*] 待辦事項：處理回應！
    })
    .catch(err => {
     logger.error(`External Error: While sending
    topic push notification, for topic: ${topic},
     with error : ${err}`);
    });
```

工作原理

無論通知是根據主題或採取標準的做法，傳送這些通知的步驟都是相似的，所以基本上，我們要做的工作是：

1. 指定路由，通常它們必須採用我們的儀表板路由。

2. 擷取屬於或代表系統內特定的用戶端或使用者的註冊 ID，這些 ID 是各個使用者專屬的。

3. 指定訊息承載資料（內容）。

4. 使用 Firebase Admin SDK messaging API 來傳送訊息給使用者，無論透過一般的訊息，或根據主題的傳送方式。

8

用雲端功能擴展 Firebase

本章將討論以下的主題：

- 準備使用雲端功能

- 操作資料

- 監控資料變更

- 歡迎建立帳號的使用者

- 以 email 確認帳號

- 傳送邀請 email 給很久沒有使用的 Firebase 用戶

簡介

瞭解 Firebase 的靜態功能之後，我們知道它們很難用來實現進階的功能，有時根本不可能做到。但是今年 Firebase 團隊加入一些我認為將會改變遊戲規則的東西。在技術上，我說的是 Firebase Cloud Functions。Cloud Functions 是擴展 Firebase 多數現有功能的完美解決方案，從資料庫到重新邀請使用者。使用 Cloud Functions 可將應用程式從無後端（backend-less）轉換成無伺服器（serverless），不需要做任何維護。你只要施展一些魔法，來使新功能可讓一個或無限個使用者使用。在此同時，你可以確保他們的安全與隱私不會受到侵犯。

我們即將編寫的函式會使用 Node.js 的一些功能，在開始工作之前需要做一些設置。
我們開始 Firebase Cloud Functions 的旅程吧！

 極重要的提示！Packt 出版社提供大量的 NodeJS 書籍與教學影片，你可以在
這個 Packt Public Library 的連結找到最棒的 Nodejs 書籍 / 教學影片：https://
www.packtpub.com/all?search=nodejs。

準備使用雲端功能

這個食譜將一步一步地介紹如何將 Cloud Functions 整合到專案裡面。當你想要將
Cloud Functions 整合到專案裡面時可以使用這個食譜，我們一起飛上雲端吧！

準備工作

一切始於 Firebase CLI，這是一種強大的公用程式，可處理 Firebase 的所有需求。

 要進一步瞭解如何下載與安裝 Firebase Admin SDK，請參考第 7 章，*Firebase
Admin SDK*。

怎麼做⋯

成功安裝 Firebase CLI 之後，我們來看一下使用 Firebase Cloud Functions 之前應
執行的步驟。

1. 成功安裝 Firebase CLI 公用程式之後，你必須初始化專案，請執行下面的
    命令：

    ```
    ~> firebase init functions
    ```

2. 接著選擇專案，它是你想要整合 Cloud Functions 的專案，如果沒有的話，
    你也可以建立一個新專案。

3. 在本例中,我想要建立一個新的專案來整合 Cloud Functions,所以使用這個命令:

    ```
    ~> firebase init
    ```

4. 這一次,我們從 Functions 選項開始選擇(圖 1):

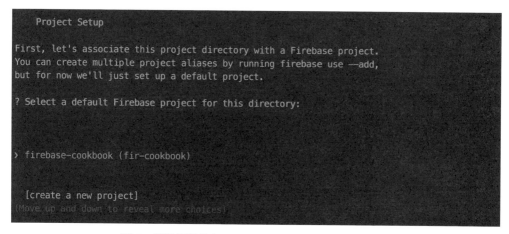

圖 1:使用 Firebase CLI 來建立新的 Cloud Functions 專案

5. 接著選擇你想要整合 Cloud Functions 的專案(圖 2):

```
   Project Setup

First, let's associate this project directory with a Firebase project.
You can create multiple project aliases by running firebase use —add,
but for now we'll just set up a default project.

? Select a default Firebase project for this directory:



> firebase-cookbook (fir-cookbook)


  [create a new project]
(Move up and down to reveal more choices)
```

圖 2:選擇想要整合 Firebase Cloud Functions 的專案

6. 接下來，你會看到下面的畫面，問你要不要下載並安裝需要的依賴項目，我
   們用 "**Y**" 代表 yes，或直接按下鍵盤上的 *Return / Enter* 鍵（圖 3）：

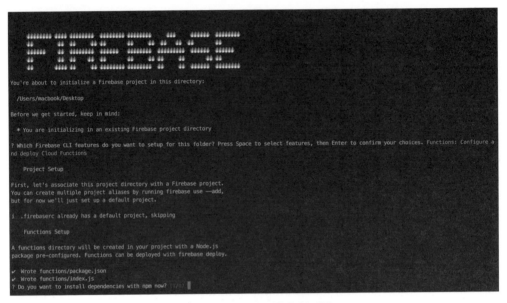

圖 3：安裝專案需要的依賴項目

完成 npm 且下載依賴項目之後，使用程式碼編輯器來打開專案，它長成這樣（圖 4）：

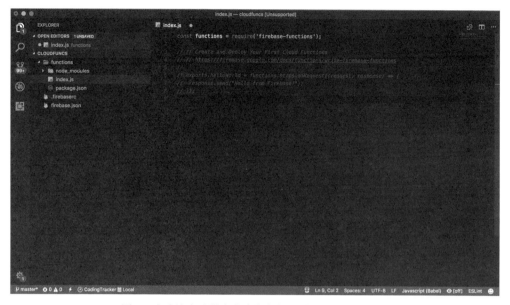

圖 4：成功建立及設定專案與依賴關係之後的專案結構

我們接下來就可以開始編寫 Cloud Functions 了！

操作資料

Firebase 資料庫有許多相關的事件，為了讓 Cloud Functions 正常運作，我們會利用這些功能來讓工作更輕鬆。

這個使用案例將說明如何在線上商店裡面整合 Firebase Cloud Functions。在這個例子中，函式的任務是監聽所有新的未完成的採購，並將它設成待決（pending）狀態。

我們開工吧！

準備工作

在你開始加入函式實作之前，要先確定你的專案已經可以使用 Cloud Functions 了。
請參考上一個食譜準備使用雲端功能再次確認。

怎麼做⋯

成功設置專案後，我們開始在線上商店裡面整合函式。

1. 使用 onWrite 函式來監聽使用者對商品的寫入操作，來監聽對 Database
   商品的採購：

```
exports.updateStats =
 functions.database.ref('/purchases/{pushId}/item').
onWrite(event
    =>
  {
  const addedPurchases = event.data.val();
 const status = `${addedPurchases.name.toUpperCase()} - is a
  ${addedPurchases.type} - is PENDING`;
  return event.data.ref.parent.child('status').set(status);
});
```

2. 接著前往主控台，執行下面的命令，上傳新建立的函式：

```
~> firebase deploy --only functions
```

3. 有人試著採購時，Database 會輸出這個訊息（圖 5）：

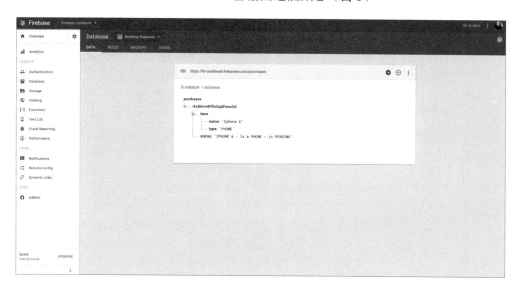

圖 5：執行 Cloud Function 之後發送的資料

你可以看到，當我們將資料送到 Database 時沒有 **status** 欄位，但是它在 Cloud Function 操作資料之後被加入了。

工作原理

解釋一下剛才發生的事情：

1. 我們寫一個監聽器來監聽連結：`/purchases/{pushId}/item`。pushId 代表自動生成的 ID，這個 ID 是 Firebase 提供給使用 push() 方法來加入 的新欄位的。此外，我們也監聽項目元素，這些元素可以是資料庫內的任何 東西，就這個商店案例而言，它是所有新購買的項目，item 物件。

2. 從之前用 Cloud Functions onWrite() 取得的事件物件中取出新欄位。

3. 製作 **status** 物件的狀態。

4. 再次使用事件物件在資料庫的結構裡面瀏覽，在同一個新建立的物件裡面設 定新狀態。

監控資料變更

你是不是想知道，當有人操作資料庫內的資料時，如何加入其他的行為，或接收通知？這是很棒的功能，你會驚訝地發現，Firebase Cloud Functions 也提供這些功能！

這個食譜將要使用 Firebase Cloud Functions 來監控使用者對資料所做的變動。

準備工作

在你開始加入函式實作之前，要先確定專案已經可以使用 Cloud Functions 了。請參考食譜準備使用雲端功能再次確認。

怎麼做⋯

1. 一般來說，我們可以用 changed() 函式來監視任何路徑或資料，如果資料改變了，它會回傳 true 值。我們來看看具體的做法：

```
exports.updateStats =
 functions.database.ref('/path/to/data').onWrite(
   event => {
   const data = event.data;
   const anotherData = data.child('childPath');
   if(anotherData.changed()) {
        // 待辦事項：實作通知
   } else {
        // 回傳 promise。
   }
});
```

就這麼簡單，我們可以確認資料是否已經改變了。

工作原理

它的原理非常簡單。通常在資料路徑裡面有個旗標。這個旗標會在資料改變時變成 true。所以,我們只要做一個動作就可以檢查資料是否改變,並據此實作通知程序。

歡迎建立帳號的使用者

我們當然想在使用者建立帳號之後歡迎他們,但是以前不支援這種功能,所以不可能做到。現在我們擁有 Firebase 提供的支援,可自訂後端來歡迎建立帳號後的使用者。這個食譜要介紹怎麼實現這個功能!

準備工作

在你開始加入函式實作之前,要先確定你的專案已經可以使用 Cloud Functions 了。

怎麼做…

1. 新版的 Firebase 比之前的版本還要活用事件。也就是說,現在我們建立新帳號時,就會有一個事件。請記住,這個功能需要取得超級管理員授權,你只能在 Cloud Functions 與 Admin SDK API 找到它。

2. 這是監聽帳號建立事件的做法:

```
exports.sendEmailUponAccountCreation =
  functions.auth.user().onCreate(ev => {
  // 取得新的使用者帳號資訊。
  const newUser = ev.data;
  const email = newUser.email;
  const fullName = newUser.displayName;
  // 待辦事項:在這裡送出 Email
});
```

3. 接著,為了上傳新建立的 function,在主控台執行下面的命令:

```
~> firebase deploy --only functions
```

工作原理

解釋一下上面的程式碼。我們呼叫身分驗證模組，監聽 user().OnCreate() 函式，接著給它一個回呼，與一個事件物件來保存新建立的帳號資訊。

接下來的工作很簡單，掛上你最信任的 email 服務。你可以使用你喜歡的服務，無論是簡單的 Nodemailer 還是比較有趣的付費方案。

以 email 確認帳號

email 確認程序是在管理表單與事件時常見的功能之一。Firebase 之所以大受歡迎，正是因為它採取這種做法，現在我們可以使用 Cloud Functions 來讓這種程序更快速，且不需要編寫後端程式。我們來看一下具體的做法。

準備工作

在實作函式之前，我們要先設置專案，讓它使用 Cloud Functions。因此，請先參考準備使用雲端功能食譜。

怎麼做…

假設我們有個表單，這個表單可讓人們登錄即將出版的書籍的日期。做法非常簡單：

1. 監聽透過表單 DB 路由來執行的所有寫入操作，並使用下面的程式取出資料：

```
exports.sendEmailWhenSubscribe =
functions.database.ref('/bookevent').onWrite(ev =>
    {
// 取得事件資料。
const userMeta = ev.data;
const email = userMeta.email;
const displayName = user.displayName;
switch(ev.eventType) {
    case
"providers/firebase.auth/eventTypes/user.create" :
    // 待辦事項：在這裡送出確認 email
```

```
    break;
    case
 "providers/firebase.auth/eventTypes/user.delete" :
    // 待辦事項：在這裡送出再見 email
    break;
    ...
    ..
    .
  }
})
```

2. 要部署這個函式並測試它，請在終端機裡面執行下面的命令：

```
~> firebase deploy --only functions
```

它會上傳函式並執行它。完成後，它會回傳一個連結，你可以視需求使用它。

工作原理

說明一下上面的程式寫了些什麼：

1. 我們這一次透過特定的路由或路徑來取得資料庫參考，並監聽 onCreate 事件，以及給它一個回呼。

2. 使用 onWrite 是為了用一個通用的事件監聽器來監聽 book event 資料庫參考裡面的任何寫入操作。因此，我們取得的事件裡面應該有一些強大的詮釋資料，包括事件類型。這意味著，我們可以根據事件來編寫各種自訂的行為。所以，舉例，我們可能想要在建立新項目時傳送確認 email。但是如果事件是刪除項目，我們會變成對使用者說再見，或者試著說服他們回心轉意。

3. 使用你喜歡的寄信服務來傳送 email，寄信服務可能是開放原始碼的 Nodemailer 或更強大的付費方案，你可以自由選擇。

傳送邀請 email 給很久沒有使用的 Firebase 用戶

如果使用者不太活躍，我們想要在 app 裡面通知他們好消息時，該怎麼做？這個食譜將說明做法！

準備工作

在你開始加入函式實作之前，要先確定你的專案已經可以使用 Cloud Functions 了。

接下來，你必須在本地端安裝一些依賴項目。打開專案，建立一個 `package.json` 檔案，並複製與貼上下面的程式碼：

```
"dependencies": {
   "es6-promise-pool": "^2.4.4",
   "firebase-admin": "^4.1.1",
   "firebase-functions": "^0.5.1",
   "request": "^2.79.0",
   "request-promise": "^4.1.1"
}
```

怎麼做…

如果我們想要執行這種操作，就要先找出有哪些不活躍的使用者，接著傳送邀請 email，這個靈感來自 Firebase 團隊的一個很棒的範例。接著說明如何找到不活躍的使用者，並傳送邀請郵件：

1. 我們來看看如何完成這項功能。請複製並貼上下面的程式碼，它是函式的宣告程式：

```
exports.emailNotifier =
  functions.https.onRequest((req, res) => {
  getUsers().then(users => {
    // 找出在過去一星期內沒有登錄的使用者。
    const notifiedUsers = users.filter(
    user => parseInt(user.lastLoginAt, 10) <
    Date.now() - 7 * 24 *
  60 * 60 * 1000);
    const promisePool = new PromisePool(() => {
```

```
        if (notifiedUsers.length > 0) {
           const userToNotifiy =
            notifiedUsers.pop();
           // 取得使用者的詮釋資料
       admin.auth().getUser(
       userToNotifiy.localId).then(user => {
         if(user.email) {
            // 待辦事項：在這裡送出 email
          }
       })
       .catch(function(error) {
          console.log("[*] Error fetching user
        data:", error);
       });
       }}, MAX_CONCURRENT);
       promisePool.start().then(() => {
       res.send('[*] Successfully contacted all
         inactive users');
       });
     });
   });
```

2. 下一步是實作 getUsers() 函式：

```
function getUsers(userIds = [], nextPageToken,
       accessToken) {
    return
     getAccessToken(accessToken).then(accessToken =>
        {
       const options = {
         method: 'POST',
         uri:
      'https://www.googleapis.com/identitytoolkit/
             v3/relyingparty/downloadAccount?
             fields=users/localId,users/
      lastLoginAt,nextPageToken&access_token=' +
             accessToken,
            body: {
            nextPageToken: nextPageToken,
            maxResults: 1000
```

```
            },
            json: true
        };
        return rp(options).then(resp => {
          if (!resp.users) {
            return userIds;
          }
          if </span>(resp.nextPageToken) {
            return
      getUsers(userIds.concat(resp.users),
            resp.nextPageToken, accessToken);
          }
          return userIds.concat</span>
          (resp.users);
        });
      });
    }
```

3. 接著實作 getAccessToken() 函式：

```
   /**
   * 使用 Google Cloud 詮釋資料伺服器
     回傳存取權杖。
   */
   function getAccessToken(accessToken) {
     // 如果快取裡面有 accessToken 可重複使用，我們就直接傳遞它。
     if (accessToken) {
        return Promise.resolve(accessToken);
     }
     const options = {
        uri:
     'http://metadata.google.internal/computeMetadata/
        v1/instance/serviceaccounts/default/token',
        headers: {'Metadata-Flavor': 'Google'},
        json: true
     };
     return rp(options).then(resp =>
      resp.access_token);
   }
```

4. 如果你想要上傳並測試這個新的 Cloud Function，可這樣做：

```
~> firebase deploy --only functions
```

5. 如此一來，Firebase CLI 會上傳你的函式，並且在 Google 伺服器上執行它，結果會回傳你需要的函式 URL。

如果你想要每週執行一次剛才描述的服務，目前 Firebase Cloud Functions 還無法執行 cron 工作，因此，你必須找出合適的 cron 工作供應器並掛上它。你也可以實作並建立自己的 cron 工作來滿足 app 的需求。

工作原理

解釋一下剛才發生的事情：

1. 我們想要在 app 裡面尋找所有的使用者，這是 getUsers() 函式的工作。這個函式會使用內部的 Google API 來擷取使用者。getAccessToken 函式相當簡明，它會從 Google 的應用程式詮釋資料取得存取權杖給我們，讓我們可以操作 Google API 伺服器。在呼叫式中，我們用 localId 與 lastLoginAt 來擷取使用者。

2. 在主函式中，我們用 lastLoginAt 欄位來篩選使用者，並回傳滿足這些參數的名單。

3. 之後，我們使用 Firebase Admin SDK 根據使用者的 localId 來尋找他們的詮釋資料，取得使用者物件，這個物件將會存有 email，我們用它來測試使用者的存在。如果沒有 email，通常代表他是匿名使用者，我們就跳過他，否則，我們取得 email 地址，並且用我們的平台或自選的應用程式郵寄系統來寄 email 給他們。

9

完成後，我們來部署吧！

本章將討論以下的主題：

- 將 app 部署到 Firebase
- 自訂 Firebase 主控環境

簡介

完成所有工作之後，我們必須在線上測試 app，並且讓全世界知道它有多棒。
Firebase 提供了不起的靜態主控服務，可讓我們利用一些通常不易使用的東西，特別
是當我們試著部署服務與 app 時，相信我，自行處理它們的話，從安全性到可維護
性都是讓人很頭痛的工作。所以，當你的 app 整合 Firebase 主控環境時，可以得到
這些好處。

- 提供安全連線，代表一切都會透過 HTTPS 傳送。

- 快速傳遞內容，代表你的檔案會透過 CDN 承載 / 傳送，這也代表全世界的使
  用者都可以獲得更快速的體驗，無論他們在哪裡。

- 使用 Firebase CLI 快速部署 —— 接下來你會看到如何使用它來輕鬆地執行部
  署程序。

- 單按復原（One-click rollbacks），代表 Firebase 會保存之前部署的 app 版
  本，讓你可以輕鬆且快速地回復錯誤之前的狀態。

它們都是很棒的功能，接著來討論如何啟動 Firebase 靜態承載。

 Firebase 只有靜態承載，代表你既有的後端不會被承載，為何如此？之前說過，Firebase 其實是一種後端服務，所以現在你只要把注意力放在提供最佳的使用者體驗，把所有焦點都放在卓越的 UI／UX 上就可以了。

將 app 部署到 Firebase

為了使用 Firebase 承載，我們必須先下載一些依賴項目，包括 CLI 本身，所以我們先說明如何下載並安裝它，再進行其他類型的操作。

準備工作

在 macOS/Linux 打開終端機，或是在 Windows 打開 cmd，輸入下面的命令：

```
~> npm install -g firebase-tools
```

 要使用 npm，即 node package manager，你必須先在開發機器上安裝 Node.js。

怎麼做⋯

1. 在上面的命令中，我們在開發機器上全域安裝了 Firebase CLI 公用程式。也就是說，你可以在系統的任何地方呼叫它。

2. 初次安裝公用程式之後，你會被要求登入。輸入下面的命令來登入你的 Firebase 帳號：

```
~> firebase login
```

3. 執行它之後，你會看到下面的結果：

圖 1：從 CLI 登入 Firebase 帳號

4. 接下來，你會被帶往 Google 登入網頁，請在那裡選擇與 Firebase 帳號相關的 Google 帳號。選擇之後，你會看到 Google 帳號、應用程式授權網頁（圖 2）：

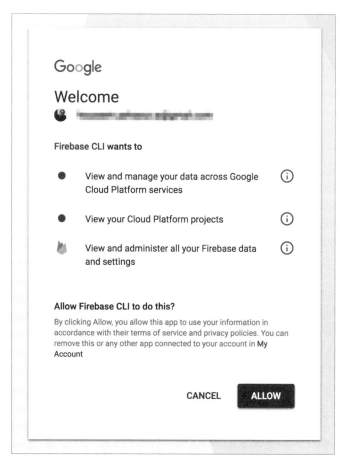

圖 2：Google 應用程式授權網頁

5. 接著按下 **ALLOW**，如果一切順利，你的 Firebase-CLI 就會連接你個人的 Firebase 帳號。

6. 登入後，在終端機用下面的命令來初始化 app：

   ```
   ~> firebase init
   ```

7. 現在你會得到下面的結果，要求你選擇想要的部署類型（圖 3）：

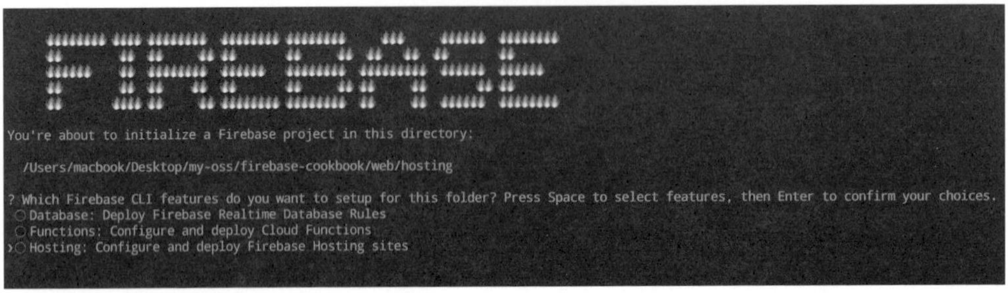

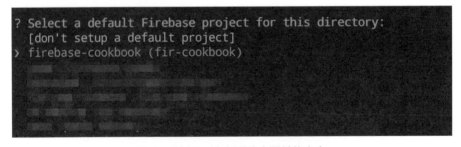

圖 3：選擇部署類型

你可以隨你需要選擇部署類型。在本例中，我們想要 hosting 部署（你可以使用鍵盤的空白鍵並按下 enter/return 來選擇部署類型）。

8. 接著選擇想要與部署建立關係的 Firebase 專案（**圖 4**）：

```
? Select a default Firebase project for this directory:
  [don't setup a default project]
> firebase-cookbook (fir-cookbook)
```

圖 4：選擇想要與部署建立關係的專案

9. 選擇想要處理的專案後，按照 CLI 步驟來設置承載設定（圖 5）：

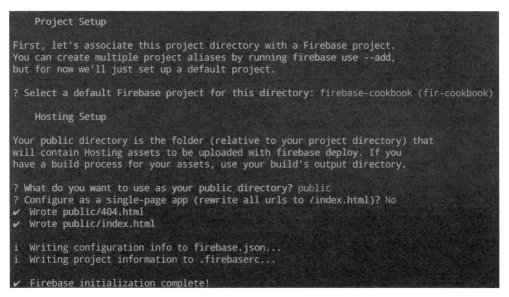

```
    Project Setup

First, let's associate this project directory with a Firebase project.
You can create multiple project aliases by running firebase use --add,
but for now we'll just set up a default project.

? Select a default Firebase project for this directory: firebase-cookbook (fir-cookbook)

    Hosting Setup

Your public directory is the folder (relative to your project directory) that
will contain Hosting assets to be uploaded with firebase deploy. If you
have a build process for your assets, use your build's output directory.

? What do you want to use as your public directory? public
? Configure as a single-page app (rewrite all urls to /index.html)? No
✔ Wrote public/404.html
✔ Wrote public/index.html

i Writing configuration info to firebase.json...
i Writing project information to .firebaserc...

✔ Firebase initialization complete!
```

圖 5：CLI 專案本地設定

因為我的專案裡面沒有任何東西，Firebase CLI 會建立一個新目錄，稱為 public，也會建立一些基本的檔案，例如 index.html 與 404.html 網頁。此外，.html 是進行專案很好的起點。

因為 Firebase 建立這些檔案讓你可在開始進行專案時使用，你可以將它們視為最佳的開始處，尤其是當你之後想要用 Firebase 來承載 app 時。

此外還有簡單的 firebase.json 與 .firebaserc 檔案，它們將會承載你的所有 Firebase 承載配置。稍後這個配置將會決定部署的行為，你可以根據 app 的需求來訂製它。

.firebaserc 檔案會保存專案的一些資源資訊，例如專案的別名。

10. 假設開發機器上已經有一些靜態內容了，我們來嘗試執行部署程序。打開終端機，輸入下面的命令：

```
~> firebase deploy
```

按下 *Return*/*Enter* 後，會出現下面的結果（圖 6）：

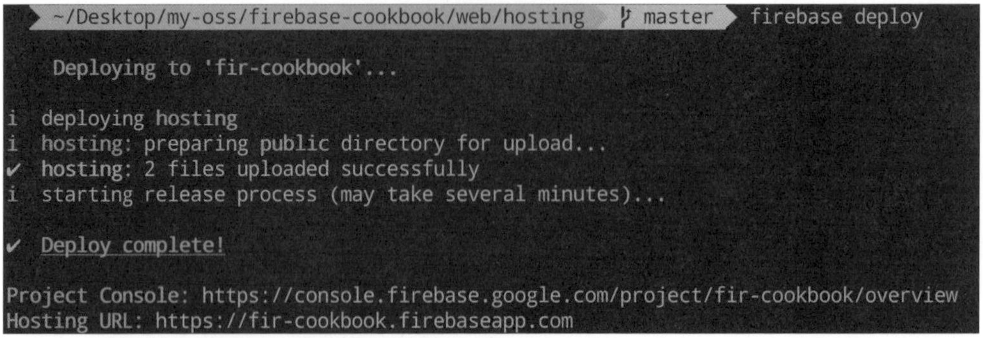

```
  ~/Desktop/my-oss/firebase-cookbook/web/hosting     ⑂ master     firebase deploy

    Deploying to 'fir-cookbook'...

i  deploying hosting
i  hosting: preparing public directory for upload...
✔  hosting: 2 files uploaded successfully
i  starting release process (may take several minutes)...

✔  Deploy complete!

Project Console: https://console.firebase.google.com/project/fir-cookbook/overview
Hosting URL: https://fir-cookbook.firebaseapp.com
```

圖 6：成功部署的結果

上面的命令會做這些事情：

- 將 public 資料夾的內容上傳到 Firebase 的伺服器。它是預設的資料夾名稱，但是你可以在 firebase.json 設置檔裡面改變預設資料夾的名稱來改變它。

- 啟動程序，並在伺服器設定你的檔案。

- 回傳 Project Console 與 Hosting URL。

接著複製並在瀏覽器貼上 Hosting URL 來測試它，看看專案是否開始運行。我得到下面的結果（圖 7）：

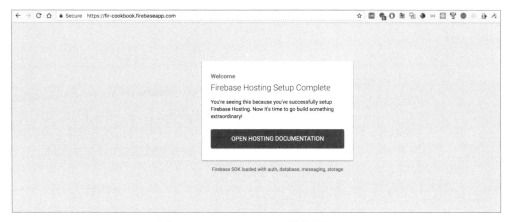

圖 7：Firebase Servers 承載的簡單 app

工作原理

CLI 步驟檢查的概念是將基本的設置檔放在對的位置。此外，你可以設置目前的開發目錄，以便在將來更新時使用。每個專案會執行一次專案設置程序，也就是說，每當你建立（或想要）用 Firebase 來承載的新專案時，就必須應用你要用的設置。

自訂 Firebase 主控環境

成功部署 Firebase app 之後，我們通常會更改一些預設值並加入其他的值，以便提供最佳的體驗。Firebase 提供這種功能，可讓你在開發與部署 app 的同時提供最佳體驗。

怎麼做⋯

我們來瞭解如何使用 URL 轉址（redirect）來自訂 Firebase。

有時我們只想要改變一些 URL，通常是為了執行 URL 轉址，來提供最好的使用者體驗，以及避免壞掉的路由，做法如下：

1. 打開 firebase.json 檔案並在裡面加入一個新的部分，稱為 redirects。在承載組態中，加入下面的程式碼：

```
"hosting": {
  //[*] 加入轉址部分
  "redirects": [ {
    "source" : "/books/firebasecookbook",
    "destination" : "/awesomebook",
    "type" : 301
  }]
}
```

我們在 redirects 陣列裡面加入這些東西：

- 指定來源路由，這裡是 /books/firebasecookbook

- 那個路由被呼叫時，將那個呼叫轉址到 /awesomebook 路由

- 指定轉址程式碼

接下來要用 rewrites 來自訂 Firebase 主控環境：

- rewrite 功能在 **SPA（single page application，單頁 app）**裡面很實用，這種 app 只會顯示主要的 index.html，無論路由是什麼。接著只要提供 index.html，它是 app 的根與進入點。我們來看一下做法。

- 再次打開 firebase.json 檔案，並輸入下面的程式碼：

```
"hosting": {
  //[*] 加入 Rewrite 部分
  "rewrites": [ {
    "source": "**",
    "destination": "/index.html"
  } ]
}
```

上面的程式碼做了這些改變：

- 監聽所有可能發出請求的資源

- 提供 index.html 作為結果

最後，但也很重要的是，我們要用自訂的錯誤網頁來設定 Firebase 主控環境。

錯誤網頁是必需的。它們會在伺服器或 app 收到請求但不知道如何處理時派上用場。所以，在 Firebase 無法找到 URL 想要的資源時展示 404.html 這類的錯誤網頁是很好的做法。

使用 Firebase 後，你只要將這些網頁加入公用資料夾，或存放 app 的資料夾裡面，它就可以知道發生錯誤時要顯示什麼東西了。

工作原理

Firebase 承載服務提供更多功能與韌性來部署 app。藉由將部署程序抽象化，你能夠把精力放在提供最佳的使用者體驗給用戶端與使用者上。所以路由轉址的運作方式和所有 HTTP 服務（從 Nginx 到 Apache）一樣。承載服務會比對收到的路由，並將它轉址到 app 的預定路由，這個預定路由是由開發者設定的。

唯一的差別在於規則或組態設置很容易瞭解與使用，也就是說，你可以把更多的時間花在改善 app 的功能，而不是考慮部署 app 的各個層面，它們現在都由 Firebase 負責管理。

10

整合 Firebase 與 NativeScript

本章將討論以下的主題：

- 啟動 NativeScript 專案
- 在 app 裡面加入 Firebase 外掛
- 從 Firebase Realtime Database 推送 / 取出資料
- 使用匿名或密碼來做身分驗證
- 使用 Google 外掛來做身分驗證
- 使用 Firebase Remote Config 來加入動態行為

簡介

現在的網路開發者擁有許多特權。網路開發者可以施展他們的超能力，用 HTML5、CSS3 與 JavaScript 來建立行動 app。這就是主流的公司，例如 Facebook（當他們製作自己的行動 app 時）採取混合式行動 app 原則的原因。但是事實上，這種做法有一些缺陷，且這些缺陷造成了落後。這些缺陷讓 Telerik 等公司開始考慮更原生（native）的東西，使用網路技術並且讓原生效能符合需求。

因為有這種概念，現在 NativeScript 被視為最吸引開發者的火紅平台之一。它藉由使用 XML、JavaScript（與 Angular）和少量的 CSS 來視覺化，並且結合原生的 SDK，來使用這兩個世界最好的東西。此外，它也可以讓 app 跨平台執行，也就是說，讓 app 可在 Android 與 iOS 上運行。

本章將說明如何使用 Firebase 來建立了不起的原生 app。

啟動 NativeScript 專案

為了啟動 NativeScript 專案，我們必須在開發環境中使用 Node.js，因此要下載 Node.js。前往 `https://nodejs.org/en/download/` 並下載最適合你的 OS 的版本。

成功安裝 Node.js 之後，你會有兩個公用程式。一個是 Node.js 執行檔，另一個是 npm，即 node package manager。它可以協助我們下載依賴項目，以及在本地安裝 NativeScript。

怎麼做…

1. 在終端機 / cmd 輸入下面的命令：

    ```
    ~> npm install -g nativescript
    ```

2. 安裝 NativeScript 後，你要安裝一些依賴項目。為了瞭解系統缺少哪些項目，輸入下面的命令：

    ```
    ~> tns doctor
    ```

    這個命令會測試你的系統，並確保一切就緒。如果沒有成功的話，你會看到缺少的東西。

3. 你有許多建立新專案的選項，包括用 vanilla JavaScript、用 Typescript、用模板，或更好的選擇——用 Angular 建立新專案。前往你的工作目錄，輸入下面的命令：

    ```
    ~> tns create <application-name>
    ```

這個命令會將專案初始化，並安裝基本必備的依賴項目。完成後，我們就可以進行 NativeScript 專案了。

在 app 裡面加入 Firebase 外掛

NativeScript 最強大的功能之一，就是可讓你整合真正原生的 SDK。所以在這個環境下，我們可以使用一般的 gradle 安裝命令在 Android 安裝 Firebase NativeScript。如果你使用 macOS，並且想要建立 iOS app，也可以在 iOS 用 Podfile 做這件事。但是 NativeScript 生態系統是可插拔的，也就是說這個生態系統有一些擴展功能的外掛。這些外掛通常使用原生的 SDK 並且使用 JavaScript 來公開功能，所以我們可以直接在 app 中使用它們。

這個食譜要使用奇妙、易用的 *Eddy Verbruggen* Firebase 外掛，我們來看一下如何將它加入專案。

怎麼做…

1. 打開終端機 / cmd，輸入下面的命令，並按下 Return/Enter：

   ```
   tns plugin add nativescript-plugin-firebase
   ```

   這個命令會安裝必要的外掛，並且做必要的設置。

2. 為了尋找 id，打開 `package.json` 檔案來尋找 NativeScript 值：

   ```
   "nativescript": {
       "id": "org.nativescript.<your-app-name>"
   }
   ```

3. 複製你在上一個步驟找到的 id，前往 Firebase 專案主控台。建立新的 Android / iOS app，並在 bundle name 貼上那個 ID。如果你建立 Android 專案，下載 `google-service.json`/`GoogleServices-Info.plist` 檔案，並在你的 `app/Application_Resources/Android` 資料夾內貼上 `google-server.json`。如果你建立 iOS 專案，則在 `app/Application_Resources/iOS` 資料夾貼上 `GoogleServices-Info.plist`。

從 Firebase Realtime Database 推送 / 取出資料

Firebase 以連結的方式來儲存資料，可讓你用相當簡單的方式來加入與查詢資訊。NativeScript Firebase 外掛可藉由易用的 API 來讓操作簡單許多。接著我們來討論如何執行這種操作。這個食譜將介紹如何在 NativeScript 與 Firebase 加入與取得資料。

準備工作

在開始之前，我們必須確定 app 已經完全設置 Firebase。你可以參考之前的*在 app 裡面加入 Firebase 外掛*食譜，瞭解做法。

你也要初始化 Firebase 外掛。因此，打開專案，在 app.js 檔裡面加入下面的匯入程式碼：

```
var firebase = require("nativescript-plugin-firebase");
```

它會匯入 Firebase NativeScript 外掛。接著加入下面的程式碼：

```
firebase.init({}).then((instance) => {
    console.log("[*] Firebase was successfully
        initialised");
}, (error) => {
console.log("[*] Huston we've an initialization
  error: " + error);
 });
```

上面的程式會在 app 裡面執行並初始化 Firebase。

怎麼做⋯

1. 初始化 app 之後，我們來看看如何將一些資料放入 Firebase Realtime Database。我們先加入介面，它的外觀是（圖 1）：

圖 1：加入點子的網頁

2. 下面是它的程式碼，你可以用它來將新資料加入貯體：

```
<Page
xmlns="http://schemas.nativescript.org/tns.xsd"
navigatingTo="onNavigatingTo" class="page">
<Page.actionBar>
    <ActionBar title="Firebase CookBook"
    class="action-bar">
</ActionBar>
</Page.actionBar>
```

```
<StackLayout class="p-20">
<TextField text="{{ newIdea }}" hint="Add here your
 shiny idea"/>
 <Button text="Add new idea to my bucket" tap="{{
  addToMyBucket
 }}" </span>class</span>="btn btn-primary btn-
  active"/>
 </StackLayout>
</Page>
```

3. 接下來是產生這個 UI 的行為的 JavaScript。前往你的 view-model，在 createViewModel 函式內加入下面的程式碼：

```
viewModel.addToMyBucket = () => {
   firebase.push('/ideas', {
    idea: viewModel.newIdea
   }).then((result) => {
   console.log("[*] Info : Your data was pushed !");
   }, (error) => {
 console.log("[*] Error : While pushing your data to
      Firebase, with error: " + error);
   });
}
```

當你查看 Firebase 資料庫時，可以發現一個新項目。

4. 資料就緒後，你必須設法展示嶄新的點子。Firebase 提供一種事件，我們可以監聽它來得知新的子元素已被建立。下面的程式教你如何建立這個事件，以顯示被加入的新子元素：

```
var onChildEvent = function(result) {
   console.log("Idea: " +
   JSON.stringify(result.value));
};
firebase.addChildEventListener(onChildEvent,
"/ideas").then((snapshot) => {
console.log("[*] Info : We've some data !");
});
```

取得新增的子元素後，你可以用合適的方法來綁定（bind）你的點子，主要是用清單或卡片，但也可以用之前提到的方式。

5. 要運行與體驗新功能，你可以使用下面的命令：

```
~> tns run android # for android
~> tns run ios # for ios
```

工作原理

解釋一下剛才發生的事情：

1. 我們定義了一個基本的使用者介面，可將新的點子加入 Firebase 主控台應用程式。

2. 接下來使用 Firebase 的做法，將所有資訊存入 Firebase Realtime Database。我們指定一個儲存所有資訊的 URL，接著指定資料架構。它會保存與定義資料的儲存方式。

3. 接著使用 firebase.addChildEventListener 將監聽器掛到資料 URL。它會接收一個掌控下個項目的函式，以及監聽器要監聽的資料 URL。

4. 如果你想知道這個模組或服務在 NativeScript 裡面的工作原理的話，答案很簡單，原因來自 NativeScript 的工作方式，NativeScript 可以使用原生的 SDK。所以在本例中，我們視需要使用並實作 Firebase 資料庫 Android / iOS SDK，而我們使用的外掛 API 就是原生呼叫式的 JavaScript 抽象表示。

使用匿名或密碼來做身分驗證

我們都知道，Firebase 支援匿名與密碼身分驗證，它們各有合適的使用案例。這個食譜將說明如何執行匿名與密碼驗證。

準備工作

在開始之前，我們必須確定 app 已經完全設置 Firebase。參考這一章的*在 app 裡面加入 Firebase 外掛*，來瞭解如何設置它。

你也要初始化 Firebase 外掛。打開專案，在 `app.js` 檔案裡面加入下面的程式碼：

```
var firebase = require("nativescript-plugin-
  firebase");
```

它會匯入 Firebase NativeScript 外掛。接下來加入下面的程式碼：

```
 firebase.init({}).then((instance) => {
console.log("[*] Firebase was successfully
initialised");
}, (error) => {
console.log("[*] Huston we've an initialization
 error: " + error);
});
```

上面的程式碼會啟動並初始化 app 內的 Firebase。

怎麼做…

1. 在開始之前，我們要建立一些 UI 元素。完成之後，網頁長成這樣（圖 2）：

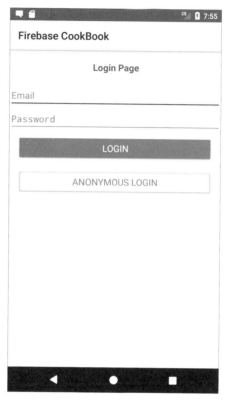

圖 2：app 登入網頁

2. 打開登入網頁，加入下面的程式：

```
<Page
 xmlns="http://schemas.nativescript.org/tns.xsd"
navigatingTo="onNavigatingTo" class="page">
<Page.actionBar>
<ActionBar title="Firebase CookBook" icon=""
class="action-bar">
</ActionBar>
</Page.actionBar>
<StackLayout>
    <Label text="Login Page" textWrap="true"
     style="font-weight:
    bold; font-size: 18px; text-align: center;
     padding:20"/>
    <TextField hint="Email" text="{{ user_email }}" />
```

```
    <TextField hint="Password" text="{{
     user_password }}"
   secure="true"/&gt;<Button text="LOGIN" tap="{{
   passLogin }}"
     class="btn btn-primary btn-active" />
    <Button text="Anonymous login" tap="{{ anonLogin
    }}"
      class="btn btn-success"/>
</StackLayout>
</Page>
```

3. 儲存它。我們來看一下 view-model 檔裡面的變數與函式。我們要實作
   passLogin 與 anonLogin 函式。第一個函式執行的是一般的 email 與密
   碼驗證，第二個函式是匿名登入函式。在你的網頁中輸入下面的程式碼：

```
viewModel.anonLogin = () => {
    firebase.login({
       type: firebase.LoginType.ANONYMOUS
    }).then((result) => {
       console.log("[*] Anonymous Auth Response:" +
       JSON.stringify(result));
    },(errorMessage) => {
    console.log("[*] Anonymous Auth Error:
    "+errorMessage);
  });
}

viewModel.passLogin = () => {
 let email = viewModel.user_email;
 let pass = viewModel.user_password;
 firebase.login({
    type: firebase.LoginType.PASSWORD,
    passwordOptions: {
       email: email,
       password: pass
    }
 }).then((result) => {
       console.log("[*] Email/Pass Response : " +
    JSON.stringify(result));
 }, (error) => {
  console.log("[*] Email/Pass Error : " +
```

```
      error);
    });
  }
```

4. 接著儲存檔案，用下面的命令執行它：

```
~> tns run android # for android
~> tns run ios # for ios
```

工作原理

簡單說明這個食譜做了哪些事：

1. 我們建立了身分驗證類型所需的 UI。如果我們想要使用 email 與密碼來做驗證，就需要使用相應的欄位，若要使用匿名驗證，就需要一個按鈕。

2. 接著為這兩種函式呼叫 Firebase 登入按鈕，指定兩種做法的連結類型。完成這個部分之後，你可以定義接下來要做的事情，並且視需求從 API 擷取詮釋資料。

使用 Google 外掛來做身分驗證

Google Sign-In 是 Firebase 最熱門的整合服務之一。它不需要做任何額外的工作，具有大多數的功能，而且有許多 app 都很喜歡使用它。這個食譜將介紹如何整合 Firebase Google 登入與 NativeScript 專案。

準備工作

在開始之前，我們必須確定 app 已經完全設置 Firebase。請參考本章的*在 app 裡面加入 Firebase 外掛*食譜，以瞭解做法。

你也必須初始化 app 裡面的 Firebase 外掛。做法是打開專案的 `app.js` 檔，加入這一行：

```
var firebase = require("nativescript-plugin-
firebase");
```

它會匯入 Firebase NativeScript 外掛。接下來加入下面的程式碼：

```
firebase.init({}).then((instance) => {
    console.log("[*] Firebase was successfully
  initialised");
}, (error) => {
    console.log("[*] Huston we've an initialization
  error: " + error);
});
```

上面的程式碼會啟動並初始化 app 內的 Firebase。

我們也需要安裝一些依賴項目。因此，在 NativeScript-plugin-firebase folder | **platform** | **Android** | include.gradle 檔案內，為 Android 移除這些項目的註釋符號：

```
compile "com.google.android.gms:play-servicesauth:$
 googlePlayServicesVersion"
```

接著使用下面的命令來儲存與組建 app：

~> tns build android

或是如果你要建立 iOS app 的話，移除這個項目的註釋符號：

```
pod 'GoogleSignIn'
```

接著使用下面的命令來組建專案：

~> tns build ios

怎麼做…

1. 先建立按鈕。打開 login-page.xml 檔案並加入下面的按鈕宣告程式：

```
<Button text="Google Sign-in" tap="{{ googleLogin
}}"
 class="btn" style="color:red"/>
```

2. 接著用下面的程式來實作 googleLogin() 函式：

```
viewModel.googleLogin = () => {
   firebase.login({
      type: firebase.LoginType.GOOGLE,
   }).then((result) => {
      console.log("[*] Google Auth Response: " +
 JSON.</span>stringify(result));
   },(errorMessage) => {
      console.log("[*] Google Auth Error: " +
      errorMessage);
   });
}
```

3. 為了組建與體驗新功能，使用下面的命令：

```
~> tns run android # for android
~> tns run ios # for ios
```

接著，當你按下 Google 身分驗證按鈕後，會看到下面的畫面（圖 3）：

圖 3：在按下 Google Login 按鈕後選擇帳號

別忘了加入 SHA-1 指紋碼，否則身分驗證程序就無法完成。

工作原理

解釋一下剛才的程式碼做了什麼事情：

1. 加入新的按鈕來做 Google 身分驗證，並且在這個按鈕的 tap 事件裡面加入 `firebase.LoginType.GOOGLE` 函式。

2. 在 `googleLogin()` 裡面使用 Firebase 登入按鈕，並將它的類型設成 `firebase.LoginType.GOOGLE`。注意，我們也可以提供 hd 或是 hostedDomain 選項，類似網路平台的 Google 身分驗證。我們也可以在登入類型裡面加入下面的項目，來使用過濾連結承載的選項：

    ```
    googleOptions: { hostedDomain: "<your-host-name>" }
    ```

    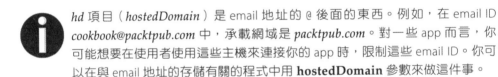 *hd* 項目（*hostedDomain*）是 email 地址的 @ 後面的東西。例如，在 email ID *cookbook@packtpub.com* 中，承載網域是 *packtpub.com*。對一些 app 而言，你可能想要在使用者使用這些主機來連接你的 app 時，限制這些 email ID。你可以在與 email 地址的存儲有關的程式中用 **hostedDomain** 參數來做這件事。

3. 看一下我們發出這些呼叫的方式，你會發現我們使用強大的 NativeScript 功能來利用原生的 SDK。如果你還記得這個食譜的準備工作小節的話，我們在為 Android 與 iOS 安裝原生 SDK 時將一個部分程式碼取消註解。除了 NativeScript Firebase 外掛之外，你也可以使用 Firebase Auth SDK，以便利用所有可用的 Firebase 身分驗證方法。

使用 **Firebase Remote Config** 來加入動態行為

Remote Config 是 Firebase 最夯的功能之一，可讓我們不用做太多麻煩的工作就可以使用各種不同的應用程式設置。"麻煩" 的意思是組建、測試與發布的過程通常花費大量的時間，即使只是修正一個錯誤的小浮點數。所以這個食譜將說明如何在 app內使用 Firebase Remote Config。

準備工作

如果你在建立 app 時沒有選擇這種功能，將 build.gradle 與 Podfile 兩個檔案裡面的 Firebase Remote Config 這一行移除註解。

怎麼做⋯

其實 app 的整合部分相當簡單。最棘手的部分是切換狀態或更改某些設置。所以請仔細操作，因為它會影響 app 的工作方式，也會影響你改變屬性的方式。

1. 假設我們想要在這個 NativeScript app 裡面加入一個稱為 Ramadan 的模式，在想要提供折扣的特殊月份使用，以協助使用者看到新的促銷方案，甚至改變使用者的介面來展現促銷方案的精神。做法如下：

```
firebase.getRemoteConfig({
    developerMode: true,
    cacheExpirationSeconds: 1,
    properties: [{
      key: "ramadan_promo_enabled",
      default: false
    }
}).then(function (result) {
    console.log("Remote Config: " +
  JSON.stringify(
  result.properties.ramadan_promo_enabled));
    // 待辦事項：用值來進行改變。
});
```

2. 在上面的程式碼裡面，因為我們仍然處於開發模式，所以將 developerMode 設為啟動狀態。我們也將 cacheExpirationSeconds 設為一秒。這很重要，因為我們不希望這些設定在開發階段需要過長的時間才能影響 app。我們也將 **throttled mode** 設為 true，這會讓 app 從 Firebase 遠端設置每秒擷取或尋找一次新資料。

3. 我們可以在 Firebase 遠端設置裡面設定每一個項目的預設值。這個值是個起點，以後你會從 Firebase 專案主控台取得新值。

4. 接著我們來看一下如何在專案主控台連結那個值。前往你的 Firebase 專案 **Console | Remote Config 區域 | ADD YOUR FIRST PARAMETER** 按鈕（圖 4）：

圖 4：加入 Firebase Remote Config Parameter 的區域

5. 接下來，你會看到一個畫面，可在裡面加入屬性與它們的值。務必加入與程式碼一致的屬性，否則它無法工作。下面的截圖是主控台的 **PARAMETERS** 標籤，你可以在裡面加入屬性（圖 5）：

圖 5：加入新參數

6. 加入它們後，按下 **PUBLISH CHANGES** 按鈕（圖 6）：

圖 6：發布新建立的參數

這樣就完成了。

7. 退出 app 並重新打開它。看一下主控台與 app 擷取新值的情形。接著，你
   和 app 就可以在值改變時做必要的改變了。

工作原理

解釋一下剛才發生的事情：

1. 在 `build.gradle` 與 Podfile 加入依賴項目，以便支援想要使用的功能。

2. 選擇與加入負責提供預設值並擷取新值的程式碼，並啟用 **developer
   mode**，讓它在開發與預備階段協助我們。這個模式會在進入產品階段時停
   用。我們設定了 *cache expiration time*，這在開發時是必要的動作，如此一
   來，我們才可以快速度擷取這些值。這項設定也會在產品階段改變，提供更
   多逾期時間給快取，因為我們不希望每一秒都對 app 進行高風險的操作。

3. 在 Firebase Remote Config 參數裡面加入支援設置，給它必要的值，並發
   布它。最後的步驟會在每次有新改變時控制 app 的外觀與感覺。

11

在本機整合 Firebase 與 Android / iOS

本章將討論以下的主題：

- 從 Firebase Realtime Database 推送與擷取資料
- 實作匿名驗證
- 在 iOS 實作密碼驗證
- 在 Android 實作密碼驗證
- 實作 Google 登入身分驗證
- 實作 Facebook 登入驗證
- 使用 Firebase Crash Report 來產生當機報告
- 在 Android 中使用 Firebase Remote Config 來加入動態行為
- 在 iOS 中使用 Firebase Remote Config 來加入動態行為

簡介

在許多情況下，人們比較喜歡本地行動體驗，無論是在 Android 或 iOS 上。現在有許多只使用行動 app 與 Firebase 的無網路平台。如果你有自己的網路平台，它們可有效地免除許多麻煩的事情。

本章將討論如何在原生的環境中整合 Firebase，基本上是在 iOS 與 Android app 上，將我們的注意力從網路移到行動優先體驗。我們會告訴你如何實作一些基本與進階的功能，你或許會在 Android 與 iOS 的一些現代行動 app 上發現它們。我們開始動工吧！

從 Firebase Realtime Database 推送與擷取資料

這食譜將介紹如何在 Android 與 iOS 上使用強大的 Realtime Database，也會介紹如何即時傳送與擷取資料。

怎麼做…

我們先從 Android 開始做起，看看如何使用這項功能：

1. 打開我們在 *第 1 章，初探 Firebase* 建立的 Android Studio 專案。打開專案後，我們要來整合 Realtime Database。

2. 在專案的 Menu 列前往 **Tools | Firebase** 接著選擇 **Realtime Database**。按下 **Save and retrieve data**。因為我們已經將 Android app 連接 Firebase，接著按下 **Add the Realtime Database to your app** 按鈕在本地加入 Firebase Realtime Database 依賴項目。你會看到這個畫面（圖 1）：

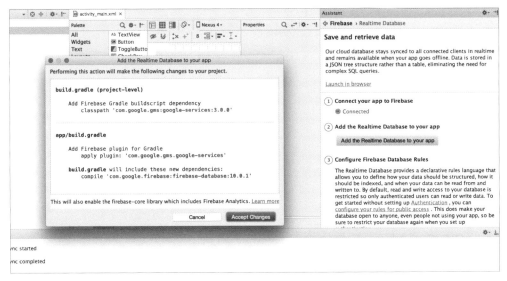

圖 1：Android Studio Firebase 整合部分

3. 按下 **Accept Changes** 按鈕，gradle 會將這些新的依賴項目加入 gradle 檔案，並且下載與組建專案。

我們已經建立這個簡單的願望清單 app 了。它或許沒那麼好看，但也提供了 TextEdit、Button 與 ListView。

4. 在這個實驗中，我們要做這些事情：

- 在願望清單 Firebase 資料庫加入新的願望。

- 在 ListView 底下查看願望

5. 我們先將資料串列加入 Firebase。打開專案的 MainActivity.java 檔，加入下面的程式碼：

```
//[*] UI 參考。
EditText wishListText;
Button addToWishList;
ListView wishListview;

// [*] 取得 Database Root 的參考。
DatabaseReference fRootRef =
FirebaseDatabase.getInstance().getReference();
```

```java
//[*] 取得願望清單的參考。
DatabaseReference wishesRef =
  fRootRef.child("wishes");

protected void onCreate(Bundle savedInstanceState) {
    super.onCreate(savedInstanceState);
    setContentView(R.layout.activity_main);
    //[*] UI 元素
    wishListText = (EditText)
  findViewById(R.id.wishListText);
    addToWishList = (Button)
  findViewById(R.id.addWishBtn);
    wishListview = (ListView)
  findViewById(R.id.wishsList);
  }
    @Override
    protected void onStart() {
      super.onStart();
    //[*] 監聽 Button 按下事件
    addToWishList.setOnClickListener(new
      View.OnClickListener() {
       @Override
       public void onClick(View v) {
    //[*] 從 EditText UI 元素取得文字。
        String wish =
      wishListText.getText().toString();
    //[*] 將資料存入資料庫。
        wishesRef.push().setValue(wish);
        AlertDialog alertDialog = new
      AlertDialog.Builder(MainActivity.this).create();
        alertDialog.setTitle("Success");
      alertDialog.setMessage("wish was added to Firebase");
        alertDialog.show();
  }
});
}
```

我們在上面的程式中做了下面的事情：

- 取得 UI 元素的參考

- 因為 Firebase 的一切都始於參考，所以抓取資料庫的根元素的參考。

- 從根元素參考取得 wishes 子方法的參考。

- 在 OnCreate() 方法將所有 UI 參考連接到實際的 UI widget。

- 我們在 OnStart() 方法裡面做了這些事情：

    - 監聽按鈕按下事件並抓取 EditText 內容

    - 使用 wishesRef.push().setValue() 方法，將 EditText 內容自動送給 Firebase，接著作為 UI 的偏好設定，顯示一個簡單的 AlertDialog。

6. 但是上面的程式碼無法運作，這乍看之下很奇怪，因為我們已經妥善地設置一切了。其實問題在於，Firebase 資料庫先天就受到授權規則的保護。詳情請參考第 5 章，使用 *Firebase 規則來保護應用程式流程的安全*。

7. 所以，前往 **Database** | **RULES** 並修改那裡的規則，接著發布。完成後，你會看到下面的結果（圖 2）：

圖 2：Firebase Realtime Database 授權部分

8. 儲存與啟動 app 後，送出的資料結果會是（圖 3）：

圖 3：將新的願望加入願望清單之後的 Firebase Realtime Database

 如果你沒有自行建立子元素，Firebase 會建立它。這是很棒的功能，因為我們可以建立與實作想要的任何資料結構。

9. 接著來看看如何取得我們送出的資料。在 onStart() 方法裡面加入下面的程式：

```
wishesRef.addChildEventListener(new
 ChildEventListener() {
    @Override
    public void onChildAdded(DataSnapshot
      dataSnapshot, String s)        {
       //[*] 抓取資料快照
       String newWish =
      dataSnapshot.getValue(String.class);
       wishes.add(newWish);
       adapter.notifyDataSetChanged();
    }
     @Override
    public void onChildChanged(DataSnapshot
     dataSnapshot, String s) {}
     @Override
```

```
public void onChildRemoved(DataSnapshot
 dataSnapshot) { }
 @Override
public void onChildMoved(DataSnapshot
 dataSnapshot, String s) { }
 @Override
public void onCancelled(DatabaseError
 databaseError) { }
});
```

10. 在實作上面的程式之前，前往 onCreate() 方法並在 UI 參考下面加入下面的程式：

```
//[*] 加入 adapter。
adapter = new ArrayAdapter<String>(this,
R.layout.support_simple_spinner_dropdown_item,
 wishes);
//[*] 綁定 Adapter
wishListview.setAdapter(adapter);
```

11. 在變數宣告式中，加入下面的宣告式：

```
ArrayList<String> wishes = new ArrayList<String>();
ArrayAdapter<String> adapter;
```

上面的程式做了這些事情：

1. 為 ListView 的改變加入新的 ArrayList 與 adapter，在 onCreate() 方法裡面綁定所有東西。

2. 在願望 Firebase 參考裡面綁定 addChildEventListener()。

3. 從 Firebase Realtime Database 抓取資料快照，它會在我們加入新願望時觸發，接著綁定清單 adapter 來通知 wishListview，以自動更新 Listview 內容。

恭喜！我們已經綁定與使用 Realtime Database 功能，並建立自己的願望追蹤 app 了。

接著來看一下如何用 Swift 與 Firebase 來建立自己的 iOS 願望追蹤 app：

1. 啟動 Xcode，打開第 1 章，*初探 Firebase* 建立的專案，以整合 Firebase。
   接著來完成功能。

2. 編輯 `Podfile`，加入：

```
pod 'Firebase/Database'
```

這會在你的願望追蹤 app 中下載並在本地端安裝 Firebase 資料庫。它有兩個視區控制器，其中一個是願望表，另一個用來將新的願望加入願望清單，下面是主要的願望清單視區（圖 4）。

圖 4：iOS app 的願望清單視區

在標題按下 + 號按鈕後，會前往新的 ViewModal，裡面有個文字欄位可加入新的願望，以及一個按鈕可將願望放入清單（圖 5）。

圖 5：iOS 願望 app，用新的願望 ViewModel

3. addNewWishesViewController.swift 是加入新願望視區的視區控制器,在它裡面加入必要的 UITextField、@IBOutlet 與按鈕 @IBAction 之後,將自動生成的內容換成下面的程式碼:

```swift
import UIKit
import FirebaseDatabase
class newWishViewController: UIViewController {
    @IBOutlet weak var wishText: UITextField

    //[*] 加入 Firebase 資料庫參考
    var ref:FIRDatabaseReference?
    override func viewDidLoad() {
       super.viewDidLoad()
       ref = FIRDatabase.database().reference()
    }
    @IBAction func addNewWish(_ sender: Any) {
    let newWish = wishText.text // [*] 取得 UITextField 內容。
    self.ref?.child("wishes").childByAutoId().setValue(
    newWish!)
    presentedViewController?.dismiss(animated: true,
    completion:nil)
    }
}
```

在上面的程式中,除了一看就知道是什麼的 UI 元素程式之外,我們做了這些事情:

- 使用 FIRDatabaseReference 並建立新的 Firebase 參考,用 viewDidLoad() 將它初始化。

  - 在 addNewWish IBAction(函式)內,從 UITextField 取得文字,呼叫 "wishes" 子元素,接著呼叫 childByAutoId(),為資料建立一個自動 id(如果你原本使用 JavaScript,將它視為 push 函式)。將值設成從 TextField 取得的值。

- 最後,關閉目前的 ViewController 並回到存有所有願望的 TableViewController。

實作匿名驗證

在任何網路 app 中，身分驗證都是最麻煩、耗時且繁瑣的工作之一，在做這項工作的同時保持最佳做法是艱難的任務，對行動裝備而言更是複雜，因為如果你使用任何傳統的 app，就代表要建立一個 REST 端點，這個端點將會接收 email 與密碼，並回傳 session 或權杖，或者使用者的個人資訊。在 Firebase 中，做法有些不同，這個食譜將介紹如何使用匿名驗證——我們很快就會說明這項功能。

你可能想知道為什麼要這樣做，原因很簡單：為了讓使用者有段匿名的時間，來保護我們的資料，並且讓使用者可以試一下 app 的內在。我們來看一下做法。

怎麼做…

我們先來看看怎麼在 Android 實作匿名驗證：

1. 啟動 Android Studio。在工作之前，我們要先取得一些依賴項目，我們可以在 `build.gradle` 檔案的依賴項目部分下面加入這一行來下載 Firebase Auth 程式庫：

   compile `'com.google.firebase:firebase-auth:11.0.2'`

2. 現在只要用 **Sync** 就可以開始加入 Firebase Authentication 邏輯了。我們來看一下怎麼取得最終的結果（圖 6）：

圖 6：Android app：匿名登入 app

這個簡單的 UI 有個按鈕與 TextView，我們可以在成功驗證後輸入使用者資料。

這是 UI 的程式碼：

```xml
<?xml version="1.0" encoding="utf-8"?>
<android.support.constraint.ConstraintLayout
    xmlns:android="http://schemas.android.com/
    apk/res/android"
xmlns:app="http://schemas.android.com/apk/res-auto"
xmlns:tools="http://schemas.android.com/tools"
android:layout_width="match_parent"
android:layout_height="match_parent"
tools:context="com.hcodex.anonlogin.MainActivity">

    <Button
      android:id="@+id/anonLoginBtn"
      android:layout_width="289dp"
      android:layout_height="50dp"
      android:text="Anonymous Login"
      android:layout_marginRight="8dp"
      app:layout_constraintRight_toRightOf="parent"
      android:layout_marginLeft="8dp"
      app:layout_constraintLeft_toLeftOf="parent"
      android:layout_marginTop="47dp"
      android:onClick="anonLoginBtn"
       app:layout_constraintTop_toBottomOf=
          "@+id/textView2"
      app:layout_constraintHorizontal_bias="0.506"
      android:layout_marginStart="8dp"
      android:layout_marginEnd="8dp" />

<TextView
  android:id="@+id/textView2"
  android:layout_width="wrap_content"
  android:layout_height="wrap_content"
  android:text="Firebase Anonymous Login"
  android:layout_marginLeft="8dp"
  app:layout_constraintLeft_toLeftOf="parent"
  android:layout_marginRight="8dp"
  app:layout_constraintRight_toRightOf="parent"
  app:layout_constraintTop_toTopOf="parent"
  android:layout_marginTop="80dp" />
```

```xml
<TextView
  android:id="@+id/textView3"
  android:layout_width="wrap_content"
  android:layout_height="wrap_content"
  android:text="Profile Data"
  android:layout_marginTop="64dp"
  app:layout_constraintTop_toBottomOf=
    "@+id/anonLoginBtn"
    android:layout_marginLeft="156dp"
    app:layout_constraintLeft_toLeftOf="parent" />

<TextView
    android:id="@+id/profileData"
    android:layout_width="349dp"
    android:layout_height="175dp"
    android:layout_marginBottom="28dp"
    android:layout_marginEnd="8dp"
    android:layout_marginLeft="8dp"
    android:layout_marginRight="8dp"
    android:layout_marginStart="8dp"
    android:layout_marginTop="8dp"
    android:text=""
    app:layout_constraintBottom_toBottomOf="parent"
    app:layout_constraintHorizontal_bias="0.526"
    app:layout_constraintLeft_toLeftOf="parent"
    app:layout_constraintRight_toRightOf="parent"
    app:layout_constraintTop_toBottomOf=
    "@+id/textView3" />
  </android.support.constraint.ConstraintLayout>
```

3. 接下來要連接 Java 程式：

```
//[*] 步驟 1：定義邏輯變數。
FirebaseAuth anonAuth;
FirebaseAuth.AuthStateListener authStateListener;
  @Override
protected void onCreate(Bundle savedInstanceState) {
    super.onCreate(savedInstanceState);
    anonAuth = FirebaseAuth.getInstance();
    setContentView(R.layout.activity_main);
};

  //[*] 步驟 2：監聽登入按鈕的按下事件。
  public void anonLoginBtn(View view) {
    anonAuth.signInAnonymously()
    .addOnCompleteListener(
    this, new OnCompleteListener<AuthResult>() {
    @Override public void onComplete(@NonNull
    Task<AuthResult> task) {
      if(!task.isSuccessful()) {
        updateUI(null);
          } else {
          FirebaseUser fUser =
          anonAuth.getCurrentUser();
          Log.d("FIRE", fUser.getUid());
          updateUI(fUser);
              }
          });
      }
  }
//[*] 步驟 3：取得 UI 參考
private void updateUI(FirebaseUser user) {
profileData = (TextView) findViewById(
R.id.profileData);
profileData.append("Anonymous Profile Id : \n" +
user.getUid());
}
```

接下來，我們來看一下如何在 iOS 實作匿名身分驗證：

我們將在這項測試中做這些事情（圖 7）：

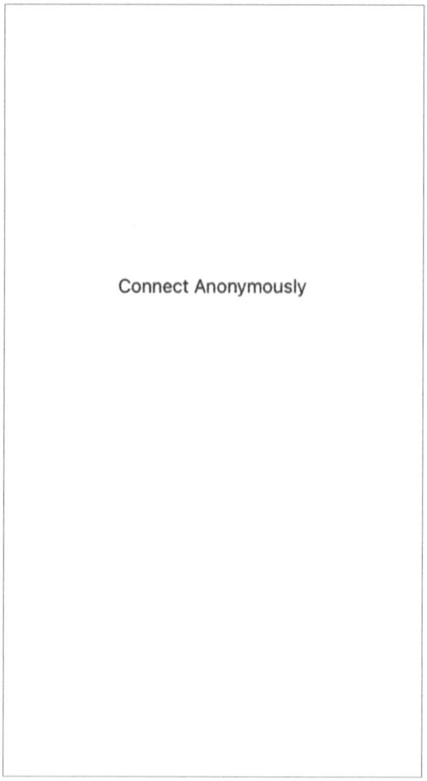

圖 7：iOS app，匿名登入 app

1. 我們要先下載與安裝 Firebase 身分驗證依賴項目才可以開始工作。在
   Podfile 裡面加入：

   pod 'Firebase/Auth'

2. 儲存檔案，在終端機輸入這個命令：

   ~> pod install

這會下載必要的依賴項目與設置 app。

3. 接著建立一個有按鈕的 UI，並在設置 UI 按鈕 IBAction 參考後，加入：

```
@IBAction func connectAnon(_ sender: Any) {
Auth.auth().signInAnonymously() { (user, error) in
  if let anon = user?.isAnonymous {
  print("i'm connected anonymously here's my id \
    (user?.uid)")
    }
  }
}
```

工作原理

解釋一下上面的程式：

1. 定義基本的邏輯變數，基本上我們在一個 TextView 顯示結果，並定義 Firebase anonAuth 變數。它的型態是 FirebaseAuth，它是我們使用的任何一種驗證方法的起始點。

2. 在 onCreate 裡面初始化 Firebase 參考並修復內容視區。

3. 在 anonLoginBtn() 方法裡面藉由按下按鈕來驗證使用者。我們在它裡面呼叫 signInAnonymously() 方法，如果未 complete，就測試驗證工作是否成功，否則將 TextEdit 改成使用者資訊。

4. 使用 updateUI 方法來更改 TextField。

這些步驟非常簡單。接著組建並執行專案，測試一下嶄新的功能。

在 iOS 實作密碼驗證

email 與密碼驗證是最常見的驗證方式，如果做錯的話，它會造成很大的危險。使用 Firebase 可免除風險，讓你只需要將注意力放在使用者體驗上。這個食譜將介紹如何在 iOS 上實作它。

怎麼做…

1. 假設你已經建立一個 UI，裡面有文字欄位與按鈕，並且已經將 email 與密碼 IBOutlets 和 IBAction 登入按鈕連接。我們來看一下這個簡單的密碼驗證程序程式；

```
import UIKit
import Firebase
import FirebaseAuth
class EmailLoginViewController: UIViewController {
    @IBOutlet weak var emailField: UITextField!
    @IBOutlet weak var passwordField: UITextField!
    override func viewDidLoad() {
      super.viewDidLoad()
    }
    @IBAction func loginEmail(_ sender: Any) {
      if self.emailField.text</span> == "" ||
      self.passwordField.text == "" {
       //[*] 顯示錯誤
       let alertController = UIAlertController(title:
      "Error", message: "Please enter an email
      and password.", preferredStyle: .alert)
       let defaultAction = UIAlertAction(title: "OK",
       style: .cancel, handler: nil)
       alertController.addAction(defaultAction)
       self.present(alertController, animated: true,
         completion: nil)
    } else {
       FIRAuth.auth()?.signIn(withEmail:
     self.emailField.text!, password:
     self.passwordField.text!) { (user, error) in
       if error == nil {
           //[*] 待辦事項：前往 app 首頁。
       } else {
```

```
//[*] 發出錯誤警示。
let alertController = UIAlertController(title:
"Error", message: error?.localizedDescription,
preferredStyle: .alert)
let defaultAction = UIAlertAction(title:"OK",
style: .cancel, handler: nil)
 alertController.addAction(defaultAction)
 self.present(alertController, animated: true,
completion: nil)
    }
   }
  }
 }
}
```

工作原理

解釋一下上面的程式：

1. 加入一些 IBOutlets 並加入 IBAction 登入按鈕。

2. 在 loginEmail 函式裡面做兩件事：

    1. 如果使用者沒有提供任何 email / 密碼，發出錯誤警示，指出需要填寫這兩個欄位。

    2. 呼叫 FIRAuth.auth().singIn() 函式，本例會接收一個 *Email* 與一個 *Password*。接著測試有沒有錯誤。如果有，且只有在有的時候，前往 app 首頁，或做我們想做的其他事情，再次顯示 Authentication Error 訊息。

完工了，就這麼簡單。User 物件也會被傳送，所以你可能要進一步處理名稱、email 及其他東西。

在 Android 實作密碼驗證

為了在 Android 上方便做事，我們要使用很棒的 Firebase Auth UI。使用它可以讓我們在建立使用者介面與處理 activity 之間的各種 intent 呼叫時免去許多麻煩。我們來看一下如何整合與使用它。

準備工作

我們要先設置專案與下載所有必要的依賴項目。複製下面的項目，並貼到 build.gradle 檔案裡面：

```
compile 'com.firebaseui:firebase-ui-auth:3.0.0'
```

做同步後，我們就可以開始動手了。

怎麼做…

說明一下如何實作：

1. 宣告 FirebaseAuth 參考，並加入一些變數以備後用：

```
FirebaseAuth auth;
private static final int RC_SIGN_IN = 17;
```

2. 在 onCreate 方法裡面加入下面的程式碼：

```
auth = FirebaseAuth.getInstance();
 if(auth.getCurrentUser() != null) {
    Log.d("Auth", "Logged in successfully");
} else {
    startActivityForResult(
      AuthUI.getInstance()
       .createSignInIntentBuilder()
        .setAvailableProviders(
        Arrays.asList(new
       AuthUI.IdpConfig.Builder(
    AuthUI.EMAIL_PROVIDER).build())).build(),
    RC_SIGN_IN);findViewById(R.id.logoutBtn)
    .setOnClickListener(this);
```

3. 接著在 activity 裡面實作 View.OnClick 監聽器。所以類別會變成：

```
public class MainActivity extends AppCompatActivity
implements View.OnClickListener {}
```

4. 之後實作 onClick 函式：

```
@Override
public void onClick(View v) {
  if(v.getId() == R.id.logoutBtn) {
AuthUI.getInstance().signOut(this)
.addOnCompleteListener(
new OnCompleteListener<Void>() {
 @Override
 public void onComplete(@NonNull Task<Void> task)
    {
    Log.d("Auth", "Logged out successfully");
    // 待辦事項：做一些自訂的操作。
    }
    });
  }
}
```

5. 最後，實作 onActivityResult 方法：

```
@Override
 protected void onActivityResult(int requestCode,
  int resultCode, Intent data) {
    super.onActivityResult(requestCode,
    resultCode, data);
   if(requestCode == RC_SIGN_IN) {
     if(resultCode == RESULT_OK) {
       // 使用者進來了！
  Log.d("Auth",auth.getCurrentUser().getEmail());
     } else {
       // 使用者沒有通過驗證
       Log.d("Auth", "Not Authenticated");
   }
  }
 }
```

6. 組建並執行專案。你會看到類似這樣的介面（圖 8）：

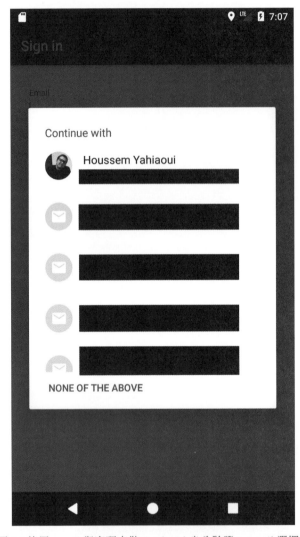

圖 8：使用 email 與密碼來做 Android 身分驗證；email 選擇器

沒有通過驗證時會出現這個介面，且 app 會列出你的裝備儲存的所有帳號。按下 **NONE OF THE ABOVE** 按鈕時，會出現這個介面（圖 9）：

圖 9：Android 驗證 email 與密碼：加入新 email

7. 加入 email 並按下 **NEXT** 按鈕後，API 會在 app 的使用者裡面尋找使用那個 email 的使用者，如果有那個 email，使用者就通過驗證，如果沒有，使用者會被帶往下面的 **Sign-up** activity（圖 10）：

圖 10：Android 身分驗證；使用 email、密碼、姓名建立新帳號

8. 接著加入你的姓名與密碼，你就會建立新帳號，並通過驗證。

工作原理

我們可以從上面的程式清楚地看到，我們並未建立任何使用者介面。Firebase UI 相當強大，我們來看一下發生了什麼事：

1. `setAvailableProviders` 方法會接收供應者清單——這些供應者會依需求而有所不同，所以它可能是任何 email 供應者、Google、Facebook 以及 Firebase 支援的每一個供應者。主要的差異在於每一個供應者都有各種設置以及依賴項目來讓你提供這個功能。

2. 此外，你可以發現我們設定了一個登出按鈕。建立這個按鈕的目的主要是為了登出使用者，以及為它加上一個按下監聽器。當你按下它時，應用程式會執行簽出（Sign-out）操作。接著你要加入自訂的 intent，或許是轉址轉接，或是關閉 app。

3. 我們實作了 `onActivityResult` 特殊函式，它是監聽連接 app 或斷開連接的主要地點。你可以在裡面執行不同的操作，例如復活（resurrection）、顯示 toast 或任何你能想到的東西。

實作 Google 登入身分驗證

Google 身分驗證程序讓你只要使用既有的 Google 帳號就可以進行登入或建立帳號。它很簡單、快速、直觀，而且可移除註冊任何網路或行動 app 時的許多麻煩。基本上 "麻煩" 指的是填寫表單。使用 Firebase Google 登入身分驗證，我們可以管理這種功能，此外我們也有使用者的基本詮釋資料，例如顯示名稱、照片 URL，及其他。這個食譜將討論如何在 Android 與 iOS 實作 Google 登入功能。

準備工作

在寫程式前，我們必須在 Firebase Project 主控台裡面做一些基本設置。

前往 Firebase 專案的 **Console｜Authentication｜SIGN-IN METHOD｜Google**，打開開關並按照那裡的指示來取得用戶端。請注意，Google 登入會自動為 iOS 設置，但是對於 Android 而言，我們必須做一些自訂的設置。

我們先來準備 Android，來實作 Google 登入身分驗證：

1. 在實作身分驗證功能之前，我們必須先安裝一些依賴項目，打開 build.gradle 檔案，貼上下面的程式，再同步你的組建：

```
compile 'com.google.firebase:firebase-auth:11.4.2'
compile 'com.google.android.gms:play-service-sauth:
 11.4.2'
```

 依賴項目的版本是有依靠性的，也就是說，當你想要安裝它們時，必須提供這兩個依賴項目的同一個版本。

繼續在 iOS 中準備實作 Google 登入身分驗證：

1. 在 iOS 中，我們必須安裝一些依賴項目，所以請編輯 Podfile 並且在既有的依賴項目下面加入下面的幾行：

```
pod 'Firebase/Auth'
pod 'GoogleSignIn'
```

 如果你不知道如何用 Firebase 設置 iOS 專案，請參考第 1 章，初探 Firebase，我們在那裡使用 Cocoapods 作為依賴管理器來設置 iOS 專案。

2. 接著在終端機輸入下面的命令：

```
~> pod install
```

這個命令會安裝必要的依賴關係，並設置專案。

怎麼做…

首先，我們來看一下如何在 Android 實作這個食譜：

1. 安裝依賴項目後，我們必須建立 UI。複製下面的特殊按鈕 XML 碼，將它複製到 layout 中：

```
<com.google.android.gms.common.SignInButton
 android:id="@+id/gbtn"
 android:layout_width="368dp"
 android:layout_height="wrap_content"
android:layout_marginLeft="16dp"
android:layout_marginTop="30dp"
app:layout_constraintLeft_toLeftOf="parent"
app:layout_constraintTop_toTopOf="parent"
android:layout_marginRight="16dp"
app:layout_constraintRight_toRightOf="parent" />
```

其結果為（圖 11）：

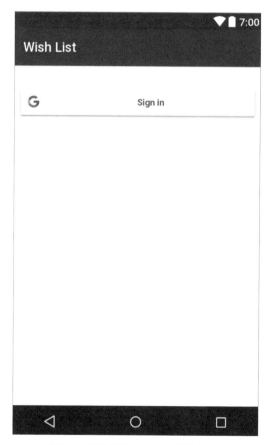

圖 11：宣告後的 Google 登入按鈕

2. 接下來我們來看一下它底下的程式：

```java
SignInButton gBtn;
FirebaseAuth mAuth;
GoogleApiClient mGoogleApiClient;
private final static int RC_SIGN_IN = 3;
FirebaseAuth.AuthStateListener mAuthListener;

 @Override
  protected void onStart() {
  super.onStart();

  mAuth.addAuthStateListener(mAuthListener);
  }
 @Override
 protected void onCreate(Bundle savedInstanceState) {
  super.onCreate(savedInstanceState);
  setContentView(R.layout.activity_main);
  mAuth = FirebaseAuth.getInstance();
  gBtn = (SignInButton) findViewById(R.id.gbtn);

  button.setOnClickListener(new View.OnClickListener()
   {
    @Override
    public void onClick(View v) {
        signIn();
     }
   });
  mAuthListener = new FirebaseAuth.AuthStateListener()
   {
     @Override
     public void onAuthStateChanged(@NonNull
       FirebaseAuth firebaseAuth) {
         if(firebaseAuth.getCurrentUser() != null) {
          AlertDialog alertDialog = new
        AlertDialog.Builder(MainActivity.this).create();
         alertDialog.setTitle("User");
        alertDialog.setMessage("I have a user loged
          in");
         alertDialog.show();
         }
```

```
        }
    };

    mGoogleApiClient = new GoogleApiClient.Builder(this)
      .enableAutoManage(this, new
     GoogleApiClient.OnConnectionFailedListener() {
            @Override
            public void onConnectionFailed(@NonNull
            ConnectionResult connectionResult) {
            Toast.makeText(MainActivity.this, "Something
            went wrong", Toast.LENGTH_SHORT).show();
                }
          })
        .addApi(Auth.GOOGLE_SIGN_IN_API, gso)
        .build();
        }

    GoogleSignInOptions gso = new
    GoogleSignInOptions.Builder(
    GoogleSignInOptions.DEFAULT_SIGN_IN)
    .requestEmail()
    .build();

    private void signIn() {
       Intent signInIntent =
    Auth.GoogleSignInApi.getSignInIntent(
    mGoogleApiClient);
  startActivityForResult(signInIntent, RC_SIGN_IN);
}

    @Override
     public void onActivityResult(int requestCode, int
     resultCode, Intent data) {
     super.onActivityResult(requestCode,
      resultCode, data);
    if (requestCode == RC_SIGN_IN) {
     GoogleSignInResult result = Auth.GoogleSignInApi
      .getSignInResultFromIntent(data);
       if (result.isSuccess()) {
         // Google Sign 成功，用 Firebase 進行驗證
         GoogleSignInAccount account =
```

```
        result.getSignInAccount();
      firebaseAuthWithGoogle(account);
        } else {
      Toast.makeText(MainActivity.this,
      "Connection Error", Toast.LENGTH_SHORT).show();
      }
    }
  }

  private void firebaseAuthWithGoogle(
  GoogleSignInAccount account) {
  AuthCredential credential =
  GoogleAuthProvider.getCredential(
  account.getIdToken(), null);
   mAuth.signInWithCredential(credential)
        .addOnCompleteListener(this, new
    OnCompleteListener<AuthResult>() {
          @Override
          public void onComplete(@NonNull
        Task<AuthResult> task) {
          if (task.isSuccessful()) {
            // 成功登入，用登入的使用者的資訊來更新 UI
            Log.d("TAG",
      "signInWithCredential:success");
            FirebaseUser user =
          mAuth.getCurrentUser();
            Log.d("TAG", user.getDisplayName());
            } else {
            Log.w("TAG",
      "signInWithCredential:failure",
      task.getException());
      Toast.makeText(MainActivity.this,
    "Authentication failed.", Toast.LENGTH_SHORT)
    .show();
          }
          // ...
        }
      });
    }
```

3. 接著組建並啟動 app，按下驗證按鈕，你就會看到下面的歡迎畫面（圖 12）：

圖 12：按下 Google 登入按鈕後出現的帳號選擇器

4. 按下想要連接的帳號，就會出現一個訊息，完成身分驗證程序。

接著來看一下如何在 iOS 中實作這個食譜：

1. 在動手前，我們要匯入 Google 登入：

   ```
   import GoogleSignIn
   ```

2. 接著加入 Google 登入按鈕，在 Login Page ViewController 加入下面的程式：

   ```
   // Google 登入
   let googleBtn = GIDSignInButton()
   googleBtn.frame =CGRect(x: 16, y: 50, width:
    view.frame.width - 32, height: 50)
   ```

```
view.addSubview(googleBtn)
GIDSignIn.sharedInstance().uiDelegate = self
```

 程式中的畫面位置是根據我自己的需求設定的 —— 你可以直接使用它,也可以修改尺寸,來滿足你的裝備的需求。

3. 加入上面的程式後,我們會看到一個錯誤,那是因為我們的 ViewController 無法與 GIDSignInUIDelegate 良好地配合,為了讓 xCode 更開心,我們將它加入 ViewModal 宣告程式,讓它變成:

```
class ViewController:UIViewController,
 FBSDKLoginButtonDelegate, GIDSignInUIDelegate {}
```

當你組建與執行專案後,會看到這個畫面(圖 13):

圖 13:設置 Google 登入按鈕後的 iOS app

4. 接著，按下 **Sign in** 按鈕後，你會看到一個異常，原因是 **Sign in** 按鈕要求的是 clientID，為了修正它，在 AppDelegate 檔案裡面加入下面的匯入程式：

```
import GoogleSignIn
```

5. 接著在 didFinishLaunchingWithOptions 裡面加入下面的程式：

```
GIDSignIn.sharedInstance().clientID =
FirebaseApp.app()?.options.clientID
```

6. 當你組建與執行 app，並按下 **Sign in** 按鈕時，不會發生任何事情。為什麼？因為 iOS 不知道如何瀏覽，以及該瀏覽到哪裡。為了修正這個問題，複製 **REVERSED_CLIENT_ID** 的值，貼到 GoogleService-Info.plist 檔案裡面，接著前往專案的組態設置。在 **Info** 部分中往下移到 URL 類型，加入新的 URL 類型，並在 **URL Schemes** 欄位中貼上連結（圖 14）：

圖 14：加入 Xcode Firebase URL schema 來完成 Google 登入行為

7. 接著在 app 裡面打開 URL 選項，加入下面的內容：

```
GIDSignIn.sharedInstance().handle(url,
sourceApplication:options[
UIApplicationOpenURLOptionsKey.sourceApplication] as?
String, annotation:
 options[UIApplicationOpenURLOptionsKey.annotation])
```

它會將我們在 URL scheme 中指定的內容轉成 URL。

8. 接著，當你組建並執行 app 後，按下 **Sign in** 按鈕，你會被 SafariWebViewController 轉址到 Google 登入網頁，如下圖所示（圖 15）：

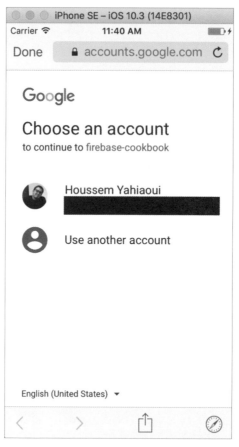

圖 15：按下登入按鈕後的 iOS Google 帳號選擇器

這樣身分驗證程序就結束了。當你選擇帳號並授權 app 時會發生什麼事情？通常，你希望用所有必要的個人資訊回到 app，不是嗎？不過現在的行為不是如此，所以我們來修正它。

9. 回到 AppDelegate 檔案，做這些事情：

- 在 app delegate 宣告中加入 GIDSignInDelegate
- 在 didFinishLaunchingWithOptions 中加入下面這一行：

```
GIDSignIn.sharedInstance().delegate = self
```

這可讓我們用所有必要的安全令牌回到 app，來用 Firebase 完成身分驗證程序。

10. 接著，我們必須實作 GIDSignInDelegate 的 signIn 函式；這個函式會在成功驗證之後被呼叫：

```
func sign(_ signIn: GIDSignIn!, didSignInFor user:
 GIDGoogleUser!, withError error: Error!) {
   if let err = error {
     print("Can't connect to Google")
      return
   }
  print("we're using google sign in", user)
}
```

當你完全通過驗證後，可在終端機上看到成功訊息。

11. 接著我們要整合 Firebase 身分驗證邏輯。完成下面的匯入：

```
import FirebaseAuth
```

12. 接著在同一個 signIn 函式中加入這些程式：

```
guard let authentication = user.authentication else
 {
   return }
let credential =
 GoogleAuthProvider.credential(withIDToken:
authentication.idToken, accessToken:
 authentication.accessToken)

  Auth.auth().signIn(with: credential, completion:
  {(user, error) in
    if let error = error {
   print("[*] Can't connect to firebase, with error
     :", error) }
```

```
    print("we have a user", user?.displayName)
    })
```

這段程式會使用成功登入的使用者安全令牌,並呼叫 Firebase Authentication 邏輯來建立新的 Firebase 使用者。接著我們可以取得 Firebase 傳來的基本個人資訊了。

工作原理

我們來解釋 Android 的部分做了什麼:

1. 在 Firebase 專案主控台用我們的 Google 帳號啟動身分驗證。

2. 安裝我們需要的依賴項目,包括 Firebase Auth 與 Google 服務。

3. 完成設定後,我們就可以建立了不起的 Google 登入特殊按鈕了,我們也給它一個 ID,以便操作。

4. 建立 SignInButton 與 FirebaseAuth 的參考。

說明一下我們在 iOS 部分做了什麼:

1. 使用 GIDSignButton 來建立標誌性的 Google 登入按鈕,將它加入 ViewController。

2. 在 AppDelegate 裡面做一些設置,以便取得可讓按鈕連結 app 所需的 ClientID。

3. 為了讓按鈕可以工作,我們使用 GoogleService-Info.plist 裡面的資訊,並且在 app 裡面建立一個 app 連結,以便導覽我們的連結網頁。

4. 設定所有事物之後,我們來到 app 授權網頁,在那裡被授權使用 app,並選擇想要用來連結的帳號。

5. 為了取回所有必需的權杖與帳號資訊,我們必須回到 AppDelegate 檔案,並實作 GIDSignInDelegate。成功獲得授權後,我們可以在它裡面呼叫與帳號有關的所有權杖與資訊。

6. 在實作好的 SignIn 函式內,注入常規的 Firebase 身分驗證 signIn 以及所有必要的權杖及資訊。當我們再次組建、執行並登入 app 之後,可在 Firebase 經過驗證的帳號中看到用來驗證的帳號。

實作 Facebook 登入驗證

Facebook 有十億位以上的使用者,基本上也連結了全世界的使用者,所以擁有 Facebook 帳號是很正常的事情,這也代表我們可以用使用者的 Facebook 帳號來做身分驗證,在實作 Firebase Facebook 登入驗證的任何網路和行動 app 中進行登入與建立新帳號。這個食譜將介紹如何整合 Firebase Facebook 身分驗證以及 Android 和 iOS,開工吧!

準備工作

在編寫程式前,我們必須先設置 Firebase app 和啟動 Facebook 驗證。前往 Firebase 專案的 **Console | Authentication** 部分 | **SIGN-IN METHOD** |**Facebook**,按下按鈕來啟動它。

你必須從 Facebook 開發者平台建立 Facebook app,接著複製 Facebook app 儀表板的 **App ID** 與 **App secret**,貼到 Firebase Facebook 驗證欄位中。

Android 的 Facebook 驗證

如果你曾經寫過 Android app,或許聽過或知道 Facebook 驗證,但是這個食譜要討論如何使用 Firebase UI Auth 程式庫來整合 Facebook OAuth。

準備工作

在開始寫程式前,要先安裝一些依賴項目:打開 build.gradle 檔案,複製下面的項目並貼到裡面:

```
compile 'com.firebaseui:firebase-ui-auth:3.0.0'
compile 'com.facebook.android:facebook-login:4.27.0'
```

儲存並同步專案後,Android Studio 會根據新的依賴項目來下載並設置專案。

怎麼做…

為了節省建立連結按鈕與綁定按鈕和詮釋資料的麻煩，Firebase 提供強大的 Firebase UI 供 Android 使用，它可協助我們建立基本的 UI，並綁定所有的東西。我們來看一下怎麼使用它。

1. 在登入 activity 中加入下面的變數宣告式：

    ```
    private static final int RC_SIGN_IN = 17;
    FirebaseAuth auth;
    ```

2. 接著在 onCreate() 方法裡面加入下面的程式：

    ```
    auth = FirebaseAuth.getInstance();
    if(auth.getCurrentUser() != null) {
    Log.d("Auth", "Logged in successfully");
    } else {
    startActivityForResult(
         AuthUI.getInstance()
                 .createSignInIntentBuilder()
                 .setAvailableProviders(
                   Arrays.asList(
                          new
      AuthUI.IdpConfig.Builder(AuthUI.FACEBOOK_PROVIDER)
          .build()))
           .build(),
           RC_SIGN_IN);
    }
    ```

3. 編寫 onActivityResult() 方法：

    ```
    @Override
    protected void onActivityResult(int requestCode, int
    resultCode, Intent data) {
    super.onActivityResult(requestCode, resultCode,
      data);
    if(requestCode == RC_SIGN_IN) {
      if(resultCode == RESULT_OK) {
          // 使用者進來了！
          Log.d("Auth",
      auth.getCurrentUser().getEmail());
        } else {
    ```

```
        // 使用者沒有通過驗證
        Log.d("Auth", "Not Authenticated");
      }
    }
  }
```

4. 在 `value/strings.xml` 檔案裡面加入下面的字串：

```xml
<string name="facebook_app_id"><your-app-id></string>
<string name="fb_login_protocol_scheme">fb<your-app-id>
</string>
```

5. 從 Facebook Developer Console app 專案抓取 app-id 值，換掉原本的內容。

6. 在 `AndroidManifest.xml` 檔案裡面加入下面的程式：

```xml
<meta-data
    android:name="com.facebook.sdk.ApplicationId"
    android:value="@string/facebook_app_id"/>
 <activity
    android:name="com.facebook.FacebookActivity"
    android:configChanges=
   "keyboard|keyboardHidden|screenLayout|screenSize|
    orientation" android:label="@string/app_name" />

    <activity
 android:name="com.facebook.CustomTabActivity"
 android:exported="true">
 <intent-filter>
  <action android:name="android.intent.action.VIEW" />
    <category
     android:name="android.intent.category.DEFAULT" />
    <category
    android:name="android.intent.category.BROWSABLE" />
     <data
  android:scheme="@string/fb_login_protocol_scheme" />
  </intent-filter>
</activity>
```

這些 intent 與 activity 會在稍後的身分驗證程序中派上用場。

7. 接著組建並執行專案，你會看到下面的登入版面（圖 16）：

圖 16：使用 Firebase UI 加入 Facebook 登入按鈕之後的畫面

上圖（圖 16）是 Firebase UI setAvailableProviders() 的結果。上圖也有用 Google 帳號進入 email 或登入的選項，讓你也可以支援它們。

8. 接著，當你按下 **Sign in with Facebook** 按鈕時，會前往下面的 Facebook 連結網頁（圖 17）。

圖 17：在沒有帳號存在的情況下按下登入按鈕後的 Facebook 帳號連結

當你加入憑證後，就會再次被轉址到授權網頁（圖 18）。

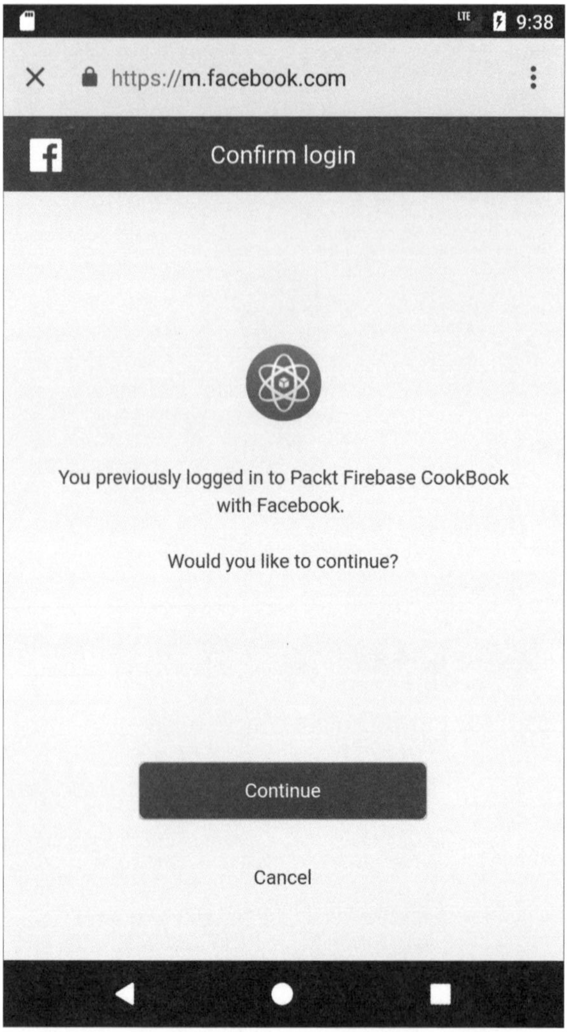

圖 18：Facebook 帳號，Facebook app 授權

按下 **Continue** 按鈕後，`onActivityResult()` 就會執行，如果一切都沒問題，主控台會顯示你的 Facebook email 地址，完成所有工作。

工作原理

解釋一下剛才發生的事情：

1. 我們使用了 Firebase UI，所以有個現成的簡單 UI 可用，不需要自行做任何 UI 管理。SDK 會使用之前的 `setAvailableProviders()` 方法裡面的 API 呼叫式來建立所有的東西。

2. 我們實作了 `onActivityResult()` 方法，如果一切都沒問題，即可取得基本個人資訊。我們用這個函式來拉出身分驗證後的所有邏輯，包括轉址、儲存資訊與個人資訊。

在 iOS 做 Facebook 身分驗證

Facebook 身分驗證是討論過的主題，不過這個食譜將討論如何同時使用 Firebase 與 Facebook 驗證邏輯。

準備工作

在開始編寫功能前，先編輯 `Podfile` 並貼上這些項目：

```
pod 'FBSDKCoreKit'
pod 'FBSDKLoginKit'
pod 'Firebase/Auth'
```

儲存它，接著在終端機輸入下面的命令：

```
~> pod install
```

這個命令會下載所需的依賴項目，並據此設置專案。之後，在專案查找器（finder）中，打開專案的 .xcworkspace 版本，它是包含新的依賴項目與變更的版本。

接著打開專案的 info.plist 原始碼，在最後面的關閉標記 </dict> 之前加入下面的內容；

```
<key>CFBundleURLTypes</key>
 <array>
   <dict>
  <key>CFBundleURLSchemes</key>
  <array>
     <string>fbyour-facebook-app-id</string>
    </array>
   </dict>
 </array>
 <key>FacebookAppID</key>
 <string>your-facebook-app-id</string>
 <key>FacebookDisplayName</key>
 <string>your-facbook-app-name-from-facebook-
   developer-  site</string>
  <key>LSApplicationQueriesSchemes</key>
 <array>
    <string>fbapi</string>
    <string>fb-messenger-api</string>
   <string>fbauth2</string>
   <string>fbshareextension</string>
 </array>
```

你可以從 Firebase 開發者主控台中取得 FacebookDisplayName 和 FacebookAppID 字串值。

怎麼做…

在 AppDelegate 檔案裡面加入下面的匯入：

```
import Firebase
import FBSDKCoreKit
```

接著，在 didFinishLaunchingWithOptions 下面加入這幾行：

```
FirebaseApp.configure()
FBSDKApplicationDelegate.sharedInstance().
application(application,
didFinishLaunchingWithOptions: launchOptions)
```

第一行會在 app 內初始化 Firebase，並且讓我們可以使用 Facebook 的功能，以及初始化它，並啟動 app。

接著，在同一個檔案加入下面的內容：

```
func application(_ app:UIApplication, open url:URL,
options: [UIApplicationOpenURLOptionsKey : Any] =
  [:]) -> Bool {
 let handled =
FBSDKApplicationDelegate.sharedInstance()
.application(app, open: url, sourceApplication:
options [UIApplicationOpenURLOptionsKey
.sourceApplication] as! String, annotation:
 options[UIApplicationOpenURLOptionsKey
 .annotation])
  return handled
}
```

稍後會說明為何加入這個函式。

接著在 ViewController 裡面加入下面的匯入：

```
import FBSDKLoginKit
import FirebaseAuth
```

在 viewDidLoad() 裡面加入下面的內容：

```
let loginButton = FBSDKLoginButton()
 loginButton.frame = CGRect(x: 16, y: 50, width:
  view.frame.width - 32, height: 50)
  view.addSubview(loginButton)
```

組建並啟動 app 後，會出現下圖的 **Continue with Facebook** 按鈕（圖 19）：

圖 19：加入 Facebook 驗證按鈕後的 iOS app

當你按下按鈕後，會被 Safari 帶往下面的授權網頁（圖 20）：

圖 20：Facebook 帳號，Facebook app 授權

注意，當你按下登入按鈕時，有兩種情況：第一種是你已經在手機安裝 Facebook app 時，第二種是沒有安裝它。如果沒有，你會被 Safari 轉址，讓你完成這項工作。

接下來要製作連結委派（connection delegate）。你一定要編寫 didCompleteWithResult:error 與 loginButtonDidLogOut 來實作 FBSDKLoginButtonDelegate 協定，如下所示：

```
func loginButton(_ loginButton:FBSDKLoginButton!,
didCompleteWith result:
 FBSDKLoginManagerLoginResult!, error:Error!) {
   if let error = error {
     print(error.localizedDescription)
     return
   }
```

```
    print("logging in ..")
  }
  func loginButtonDidLogOut(_ loginButton:
   FBSDKLoginButton!) {
    print("logging out ..")
  }
```

接著組建並執行專案，你會看到連結按鈕有些不同，出現 **Log out** 按鈕（圖 21）：

圖 21：執行身分驗證委派後的 Facebook 按鈕

這看起來很酷，當你要在任何 iOS app 中加入 Facebook 時，它是主要的行為，但是我們還沒有上傳 Firebase 端，接下來要做這件事。

在 didCompleteWithResult:error 裡面加入下面的錯誤檢查程式：

```
let credential =
FacebookAuthProvider.credential(withAccessToken:
 FBSDKAccessToken.current().tokenString)
  Auth.auth().signIn(with: credential) { (user,
error) in
    if let error = error {
    print(error.localizedDescription)
   return
  }
let alert = UIAlertController(title: "Logged in !",
message: user?.displayName as String?,
 preferredStyle: UIAlertControllerStyle.alert)
alert.addAction(UIAlertAction(title: "Click", style:
UIAlertActionStyle.default, handler: nil))
self.present(alert, animated: true, completion: nil)
  }
```

組建並啟動 app，按下 Facebook 登入按鈕，當驗證操作完成時，查看 Firebase 專案主控台，你會在那裡看到新的使用者。

 或許你會在使用終端機進行開發的過程中遇到一些問題，但是當你在實際的裝備上測試時，程式碼與程序都可正常動作。

工作原理

Firebase / Facebook 連結的程序很簡單，它有兩個步驟：

1. 建立 UI，app 的連結行為與不使用 Firebase 的 app 完全一樣。這代表你必須下載 SDK、建立連結按鈕，在它下面綁定行為，以及實作 FBSDKLoginButtonDelegate 的兩個函式。

2. 編寫這些委派函式後，Firebase 行為就會啟動，使用剛才建立的行為，並連結 Facebook，讓我們有一些個人資訊可以使用。

使用 Firebase Crash Report 來產生當機報告

知道你的 app 在什麼時候當掉並且取得記錄，可防止使用者在 Play / App 商店的評論中寫下各種當機負評。Firebase 有強大的 Crash Report 功能可供使用，所以接下來要介紹如何在 Android / iOS 上使用它。

怎麼做…

這個食譜先介紹如何在 Android 實作：

1. 為了使用這個了不起的功能，你必須先安裝一些依賴項目，因此直接打開 build.gradle 檔，在依賴項目加入這一行：

   ```
   compile 'com.google.firebase:firebase-crash:11.0.4'
   ```

2. 儲存它並按下同步按鈕，它會下載程式庫，並設置你的 Android 專案。

3. 請注意，在 Android 中，預設的當機報告是沒有代碼的（codeless），但我們可以加入這一行來讓流程更人性化：

   ```
   FirebaseCrash.log("[*] I've got something wrong !");
    // 或
   FirebaseCrash.report("<Exception/Crash>");
   ```

   我們可以使用 log 來記錄事件或報告，以瞭解原因不明的當機情況，而且 Firebase 生成這些報告花費的時間不到一秒！

使用 Firebase Crash Reports 也可以省下大量挫折且無意義的工作時間，讓你在很快的時間內修復這些討厭的 bug。

接下來的食譜要在 iOS 中實作它：

1. 如同 Firebase 的所有新功能，我們必須先安裝正確的程式庫，所以要用 Podfile 檔案，按照一般的流程安裝 iOS Crash Library。複製這一行，將它加到 Pods 下面：

```
pod 'Firebase/Crash'
```

2. 接下來，在終端機輸入下面的命令：

~> pod install

3. 這會安裝必要的依賴項目，並用新的程式庫來設置專案。接下來，為了產生人類看得懂的當機報告，而不是 Xcode 產生的那一種，我們要做一些簡單的設置，以確保可以承載當機回報功能。

前往 Firebase 主控台，執行下面的步驟：

1. 前往下圖的 **Overview | SERVICE ACCOUNTS | Crash Reporting**：

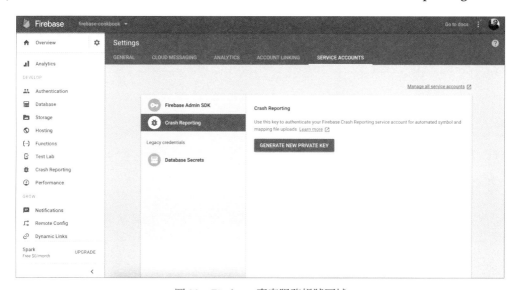

圖 22：Firebase 專案服務帳號區域

2. 按下 **Console｜Remote Config** 按鈕來下載私用的 JSON 檔，並且在你的 app 裡面 include 它；請勿將它送到 Github 或任何 git 系統讓大眾可以取得。

3. 建立新的 **Build Phase**，並選擇 **Run Script** 項目，在裡面加入下面的內容：

```
GOOGLE_APP_ID=1:<Google App ID>
"${PODS_ROOT}"/FirebaseCrash/upload-sym
<Configuration File Path>
```

4. 組建程式後，就完成工作了！

5. 如果你想要傳送當機報告，只要加入下面的函式呼叫式：

```
fatalError()
```

6. 你可能想知道：如何在傳送 log 時設定或加入一些自訂的 log 或文字？答案很簡單，在呼叫 fatalError 函式之前插入這一行：

```
FirebaseCrashMessage("[*] Huston ! we've a problem")
fatalError()
```

請注意，當機報告通常會花一到兩分鐘的時間傳送，而且這些當機報告都會被存入 Firebase 專案主控台的 **Crash Reporting** 部分，當然，你必須在下拉選單選擇你正在開發的 app。

恭喜！你已經在 app 中成功加入 Firebase Crash Report 功能了。接著你只要在需要時加入它，就可以省下大量無意義的工作時間。

在 Android 中使用 Firebase Remote Config 來加入動態行為

有時用神奇的方式來改變 app 是很棒的事情，"神奇" 的意思是採用組態設置（configuration-based）的方式。它有助於自訂 app 的外觀與感覺，你不需要改變 app 背後的程式與使用者介面，只要將它送往 app 商店，就可以等待商店批准它，公諸大眾。

Firebase Remote Config 使用一些預先儲存的組態物件來以最佳的方式即時更改 UI。它是最好、最簡單且最快速的即時變更方式，讓你不需要將 app 重新上傳到商店，也不需要為了稍微修改 UI 或 UX 而長時間等候。

它的使用案例會因 app 的不同而異。假設你要建立一個電子商務 app。這種 app 一定會用一些網頁來提示假日或黑色星期五事件。你不想要在假日期間更改 app，或是在每一個假日上傳更新。Firebase Remote Config 提供了最好且正確的解決方案，我們來看一下如何整合以及使用它。

這個食譜將介紹如何在 Android 上實作 Firebase Remote Config 功能，但是在寫程式之前，我們要先做一些事情。

準備工作

一切都是從設定程序開始的，所以我們要在 Android 專案裡面安裝 Firebase Remote Config Library。用 Android Studio 打開 app，將下面這一行複製並貼到 `build.gradle` 檔的依賴項目區域內、你已經安裝的程式庫下面：

```
compile 'com.google.firebase:firebase-config:11.4.2'
```

接著儲存並同步 Android 專案，gradle 組建系統會安裝程式庫，並設置你的專案。

怎麼做…

我們來看一下如何在 app 裡面使用 Firebase Remote Config。我接下來要測試 Facebook 登入會不會影響用戶群，以及這種功能會不會讓我獲得更多用戶。以前為了移除單單一行程式，我要建立、測試一個完整的版本，並將它上傳到 App Store 才能做這種事情，這是相當繁瑣且痛苦的過程。

此外，我也無法即時改變我們的選項，所以我們來看一下做這件事情的步驟。

先看一下我的 Android app——它提供兩種身分驗證方法，email 與 Facebook（圖 23）：

圖 23：加入 Firebase Remote Config 之前的 Android app

接著在 Login Activity 類別裡面加入下面的宣告式：

```
Boolean doISupportFacebookAuth;
private FirebaseRemoteConfig rConfig =
FirebaseRemoteConfig.getInstance();
```

接著在 onCreate 方法裡面加入下面的程式：

```
rConfig.setConfigSettings(new
FirebaseRemoteConfigSettings.Builder()
  .setDeveloperModeEnabled(true)
  .build());
```

它會在 app 裡面啟動 Remote Config，因為我們還在開發階段，所以啟用 Developer Mode 來自由地工作。最後，呼叫組建方法來完成所有工作。

接著來完成可愛、方便登入的介面的 Firebase UI 邏輯：

```
if(doISupportFacebookAuth) {
    startActivityForResult(
        AuthUI.getInstance()
          .createSignInIntentBuilder()
           .setAvailableProviders(
            Arrays.asList(new
  AuthUI.IdpConfig.Builder(AuthUI.EMAIL_PROVIDER)
 .build(),
 new AuthUI.IdpConfig.Builder(
 AuthUI.FACEBOOK_PROVIDER).build())).build(),
   RC_SIGN_IN);
  } else {
   startActivityForResult(
   AuthUI.getInstance()
            .createSignInIntentBuilder()
            .setAvailableProviders(
              Arrays.asList(new
  AuthUI.IdpConfig.Builder(AuthUI.EMAIL_PROVIDER)
  .build())).build(),
   RC_SIGN_IN);
 }
```

這裡做的事情很簡單，我先測試 doISupportFacebookAuth 的值是 true 還是 false，如果它是 true，我會加入 Facebook 身分驗證，否則就將它去掉。這裡沒什麼特別的東西。

接著，我們要為 doISupportFacebookAuth 加入預設值。在 Firebase UI 程式碼之前加入下面的內容：

```
HashMap<String, Object> defaultValues = new
HashMap();
defaultValues.put("doISupportFacebookAuth", true);
rConfig.setDefaults(defaultValues);
```

我們在上面的程式中傳遞一個用來保存值的 HashMap，並且用 setDefaults() 方法將 HashMap 傳給組態。

你只要在身分驗證的 if 陳述式加入下面的程式就可以取得那個值：

```
doISupportFacebookAuth =
rConfig.getBoolean("doISupportFacebookAuth");
```

所以現在 app 會以它的預設狀態啟動，並顯示 Facebook 按鈕，因為我們還沒有在 Firebase 專案主控台添加欄位值。

 任何遠端值都有兩種主要的值，一個是在本地的預設狀態，另一個在 **Firebase Remote Config** 的部分。

我們來看一下如何將值加入主控台。前往專案的 **Console ǀ Remote Config** 並按下 **ADD YOUR FIRST PARAMETER** 按鈕。你會看到下面的歡迎畫面（圖 24）：

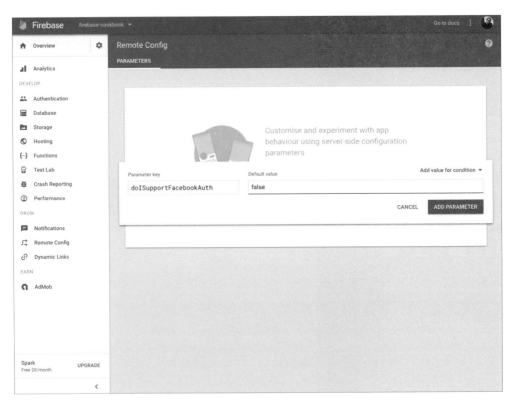

圖 24：添加 Facebook Remote Config 參數的地方

你的欄位名稱應該會與上面的程式碼一模一樣。插入欄位名稱與值，接著按下 **ADD PARAMETER**。

接著我們來看一下如何取得這些值。在程式中加入下面的內容：

```
final Task<Void> fetch = rConfig.fetch(0); // 快取
逾時時間，0 值 = 持續擷取。
fetch.addOnSuccessListener(this, new
 OnSuccessListener<Void>() {
   @Override
   public void onSuccess(Void aVoid) {
   rConfig.activateFetched();
   }
});
```

 你必須呼叫 `activateFetched()` 方法，因為如果沒有的話，本地值將不會更新。

它會請求 Firebase 專案遠端組態設置，並回傳你之前加入的值。

接著按下 **PUBLISH CHANGES** 按鈕來部署所做的修改：

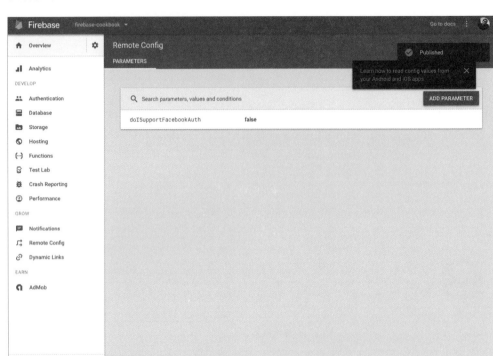

圖 25：成功地加入遠端 Config Parameter 之後

接著離開 app，再打開它，你會發現 app 直接前往 email 驗證，沒有 Facebook 登入按鈕。如果你想要回來，只要將 Firebase 專案主控台的值改成 true，就可設回一般的狀態了。

工作原理

解釋一下剛才發生的事情：

1. 先將依賴項目加入 build.gradle 檔案，來將它們加入 app。這很重要，因為如果沒有做這件事，功能就無法運作。

2. 定義與初始化遠端組態物件，並打開開發模式。這些設定會在生產的時候改變，但因為我們仍然處於開發階段，所以必須將它持續打開。

3. 將 HashMap 設成預設值，並將它傳給 Remote Config 預設值。

4. 因為我們的值是布林，所以使用 getBoolean() 函式以及想要擷取的欄位名稱。

5. 設定那個欄位名稱並將它的值送給 Firebase 專案 Console Remote 組態部分。

6. 之後，擷取那個值，並使用 activateFetched() 方法，如果不使用它，我們的本地 Remote Config 就不會更新。

7. 之後，從主控台發布值。如此一來，就完成了在 Android app 中整合 Remote Config 的工作了。

我們已經將 Remote Config 成功加到 Android app 了。

在 iOS 中使用 Firebase Remote Config 來加入動態行為

這個食譜要在 iOS 環境中實作 Firebase Remote Config，我們將要在這個範例中討論如何有效使用 Firebase Remote Config API 來建立 Google OAuth 按鈕的 A / B 測試。完成後，我們可以在 Firebase 專案主控台的 Firebase Remote Config 區域啟動或停用它。

準備工作

因為 Firebase 高度模組化，Remote Config 有自己的程式庫，所以我們要安裝它。在 Podfile 的依賴項目下面加入這一行：

```
pod 'Firebase/RemoteConfig'
```

接著在終端機輸入下面的命令：

```
~> pod install
```

這個命令會安裝 Firebase Remote Config 程式庫並下載它的所有依賴項目，以及設置 iOS app。

怎麼做…

安裝必要的依賴項目後,我們要開始加入邏輯來提供想要的行為。我想要在 app 裡面測試加入 Google 登入會不會影響用戶群,所以我會在 app 整合 Firebase Remote Config,如此一來,就可以動態顯示畫面來進行測試(圖 26):

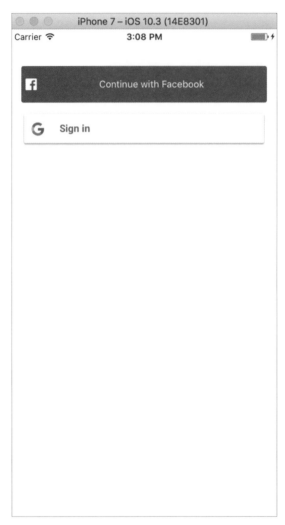

圖 26:加入 Firebase Remote Config 之前的 iOS app

如果你還沒有匯入 Firebase，請在 LoginViewController 裡面匯入它：

```
import Firebase
```

接著，我們必須在 viewDidLoaded() 函式裡面實作 Firebase Remote Config，來初始化預設值。這些值主要控制這個環境中的使用者介面，你可以藉由字典 [String: NSObject] 或 plist 檔案來傳遞資訊。

就目前的用法而言，為了方便實作，我們使用字典的做法：

```
// 預設值字典
let defaultConfigs = ["supportGoogleLogin" : true ]
```

接著將這個字典傳給 Firebase Remote Config：

```
RemoteConfig.remoteConfig().setDefaults(defaultConfigs
as [String : NSObject])
```

接下來，使用下面的函式呼叫式就可以抓取之後加入的遠端值，它有個快取逾期時間，以及一個簡單的 completeHandler：

```
RemoteConfig.remoteConfig().fetch(\
withExpirationDuration: 0, completionHandler:
 {[unowned self] (status, error) in
   if let error = error {
    print("Huston we've a problem : \(error)")
    return
  }

 print("Huston , al Goodt 👍 ")
 RemoteConfig.remoteConfig().activateFetched()
 self.checkLoginButtonPresence() // 更新 UI。
})
```

在程式裡面，我呼叫了 Remote 組態的 fetch:withExpiration，給它零值，它會轉換成即時檢查。

這種做法會嚴重減緩我們的裝備。為什麼？因為我們不斷地檢查新值。不建議你在產品中使用這種做法。為了增加更多限制，我們在擷取請求上面加入下面的程式來啟動開發模式：

```
let developerSettings =
RemoteConfigSettings(developerModeEnabled: true) //
在成為產品時，請移除它
 RemoteConfig.remoteConfig().configSettings =
 developerSettings!
```

加入這段程式後，我們就可以放心地測試它了，不過記得在釋出前移除它。

接下來是 checkLoginButtonPresence() 的內容，它會更新 UI：

```
func checkLoginButtonPresence() {
  let supportGoogleLogin =
RemoteConfig.remoteConfig().configValue(forKey:
"supportGoogleLogin").boolValue
  if(supportGoogleLogin) {
      // Facebook 登入
      let loginButton = FBSDKLoginButton()
      loginButton.frame = CGRect(x: 16, y: 50, width
      view.frame.width - 32, height: 50)
      view.addSubview(loginButton)
      loginButton.delegate = self
      // Google 登入
     let googleBtn = GIDSignInButton()
     googleBtn.frame =  CGRect(x: 16, y: 111, width:
     view.frame.width - 32, height: 50)
     view.addSubview(googleBtn)
     GIDSignIn.sharedInstance().uiDelegate = self
     } else {
    // Facebook 登入
    let loginButton = FBSDKLoginButton()
    loginButton.frame = CGRect(x: 16, y: 50, width:
     view.frame.width - 32, height: 50)
     view.addSubview(loginButton)
     loginButton.delegate = self
   }
 }
```

我們在上面的程式中做兩件事：

1. 使用 `RemoteConfig.remoteConfig().configValue()` 函式從
   Firebase Remote Config 取值，並給它特性的名稱。我們也使用 `boolValue`
   來回傳布林值。

2. 用特性的值來進行檢查，並根據結果來處理 UI。

接著將值加到 Firebase Project 主控台的 **Remote Config** 部分（圖 27）：

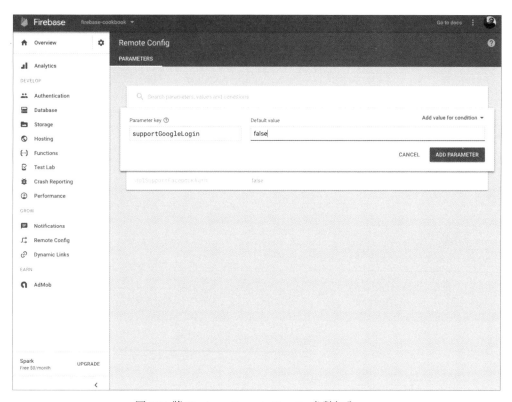

圖 27：將 Firebase Remote Config 參數加入 app

你必須使用程式碼中的特性名稱，否則它無法正常工作。

加入並儲存它後，按下 **PUBLISH CHANGES** 按鈕（圖 28）：

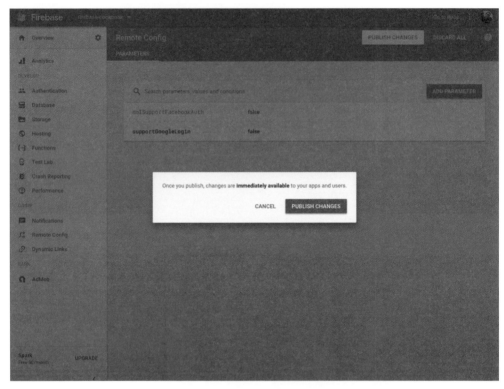

圖 28：發布新增的組態設置參數

組建並執行 app 後，你會看到 app 已經不一樣了。如果你想要測試它，只要在主控台改變值，再次發布它，退出 app，然後再次登入它，即可讓修改生效。

工作原理

解釋一下剛才發生的事情：

1. 首先，我們定義了 app 將在本地使用的預設值，並將它傳給 Firebase Remote Config 物件。

2. 接著呼叫 fetch 方法，從主控台專案中取得所有值，並呼叫 activateFetched() 函式，來綁定所有的東西。

3. 因為我們仍然處於開發階段，而且害怕緩慢的速度，所以加入開發者設定，這樣就可以避免它了。

4. 取得值，並測試使用 Google Sign-in 按鈕的情況。

5. 最後，在 Firebase 專案主控台設定特性名稱並發布它。

採取這些步驟後，我們就成功地將 Remote Config 加入 iOS app 了。

12

改造 App

本章將討論以下的主題：

- 在 Android 和 iOS 傳送與接收 app 的使用邀請
- 在 Android 和 iOS 實作主題訂閱

簡介

成長是重要的過程。它是長時間改善許多效果、技術所累積的結果，可以讓你的 app 成為不可或缺的產品。本章將介紹與完成一些 Firebase 的神奇功能，來讓 app 擁有令人驚艷的功能。我們要討論的主題不是傳送簡單的通知，而是在 iOS 與 Android 上訂閱主題。因為使用者熱愛分享，我們會說明如何使用 Firebase app 的邀請功能，讓 app 的用戶群超乎預期。這是很令人期待的功能，我們開始寫程式吧。

在 Android / iOS 實作 app 邀請的傳送與接收

一般來說，大家都會分享他們覺得有趣的東西，包括很酷的貓咪影片以及 Firebase 文章──好吧，可能這只是我個人的偏好。此外，因為分享會擴散，現代人通常希望在 app 中找到 app 邀請功能。這是一種雙贏的關係，因為如果使用者在他們的環境中擁有 app，他們就可以做很好的深度連結，他們也會安裝它，讓我們可從每一個訊息找到新的線索。

你可以使用各種格式的訊息，我們有兩種選項：email 與 SMS。使用 SMS 時，訊息含有 Firebase 動態連結，這個生成的連結會在安裝期間被保留在記憶體內。也就是說，就算使用者沒有在手機安裝 app，當設定程序完成時，app 會使用深度連結來轉址，並直接前往含有想要的內容的畫面。

因為我們將要在 iOS 與 Android 系統中實作這個功能，接著來看一下如何設置開發專案，以承載 app 邀請功能。

準備工作

我們會先討論在 Android 中實作 app 邀請的需求，接著再討論 iOS 上的需求。

1. 啟動 Android Studio 並打開 `build.gradle` 檔案，在依賴項目的部分加入：

```
compile 'com.google.firebase:firebase-invites:
11.0.4'
```

2. 儲存並同步你的版本。之後，Android Studio 會下載並設置你的版本，技術上而言，我們就完工了。

 要更深入瞭解如何在 Android 專案中設置及整合 Firebase，請參考第 *1* 章，*初探 Firebase*。

完成 Android 的準備工作之後，我們來看一下在 iOS 做 app 邀請的需求：

1. 在 iOS app 專案中，編輯 Podfile，並且在 Pods 下面加入：

```
pod 'Firebase/Invites'
```

2. 接著儲存檔案，並在終端機輸入這個命令：

```
~> pod install
```

這個命令會下載 app 邀請所需的程式庫及其他的依賴項目，並用它來設置你的專案版本。這樣，你就成功設置 iOS 專案了。

要更深入瞭解如何在 iOS 專案中設置及整合 Firebase，請參考*第 1 章，初探 Firebase*。

怎麼做…

按照上一節使用的方法，我們要先實作 Android 的食譜：

1. 為了實現這個目標，Android 生態系統有個使用者體驗流程。當我們想要分享東西時，就會啟動一個對話方塊或 intent。這個 intent 可讓我們選擇傳送 app 邀請的方式。

 Android 的 intent 可透過傳遞訊息來與其他的 app 互動，以請求一些功能，例如，我們會啟動一個 intent 來傳送 SMS。它會啟動預設的簡訊 app，並使用我們要求的參數，例如文字的內容本身。

2. 接著，我們來看一下如何製作這個功能。假設我們有個新聞 app，裡面有張素材卡（material card），這張卡有個選單按鈕可分享內容。下面的程式碼是工作流程的運作方式：

```
private void shareContent() {
   Intent intent = new
  AppInviteInvitation.IntentBuilder(getString(
  /*intent 名稱 */))
       .setMessage(/* 訊息內容 */)
        .setDeepLink(Uri.parse(/* 深度連結 */))
        .build();
  startActivityForResult(intent, REQUEST_INVITE);
 }
```

完成傳送程序程式後，接著要執行所有的東西，選擇傳送的程式，看看 Firebase 的魔力。

1. 這個完美的計畫還沒有完成，app 無法辨識之前做的任何工作，且訊息沒有任何意義。我們要將下面的程式加入 app 的 onCreate 方法：

```
FirebaseDynamicLinks.getInstance().getDynamicLink(
    getIntent())
```

```
            .addOnSuccessListener(this, new
        OnSuccessListener<PendingDynamicLinkData>() {
        @Override
        public void onSuccess(PendingDynamicLinkData data) {
            if (data == null) {
                // 沒有資料，不做事！
                return;
            }
            Uri deepLink = data.getLink();
            // 取得邀請
            FirebaseAppInvite invite =
          FirebaseAppInvite.getInvitation(data);
                if (invite != null) {
                    String invitationId =
                    invite.getInvitationId();
                }
        // 待辦事項：執行深度連結
            }
        })
        .addOnFailureListener(this, new
         OnFailureListener() {
           @Override
           public void onFailure(@NonNull Exception e)
        {
            // 待辦事項：處理例外。
            }
        });
```

這樣就完工了！

要在 iOS 上運作，我們來看一下這個食譜的做法，它會教你如何傳送與接收 app 邀請。

傳送邀請的程序因 app 而異，但都是從按下按鈕開始的。所以，我們要設置 IBAction，並啟動傳送 app 邀請的程序：

```
@IBAction func sendInvite(_ sender: AnyObject) {
    if let invite = <strong>Invites.inviteDialog() {
        invite.setInviteDelegate(self)
        invite.setMessage("/*Message Content*/")
        invite.setTitle("/*Invite Title*/")
        invite.setDeepLink("/*Deep Link*/")
```

```
        invite.open()
    }
}
```

在這之前，你的類別必須用 `FIRInviteDelegate` 來簽章：

```
class NewViewController : ViewController,
  InviteDelegate {
}
```

接下來，如果我們想要對使用者更貼心，可以使用 `inviteFinished()` 函式加入一個簡單的警告來展示邀請已被送出：

```
func inviteFinished(withInvitations invitationIds:
  [Any], error: Error?) {
  if let error = error {
   let alert = UIAlertController(title: "Error",
   message: "a problem has occured while sending
   your invitation",
 preferredStyle: UIAlertControllerStyle.alert)
 alert.addAction(UIAlertAction(title: "OK",
 style: UIAlertActionStyle.default, handler: nil))
 self.present(alert, animated: true, completion:nil)
  } else {
   let alert = UIAlertController(title: "Success",
 message: "Your invitation has been successfully
     sent", preferredStyle:
        UIAlertControllerStyle.alert)
 alert.addAction(UIAlertAction(title: "OK", style:
  UIAlertActionStyle.default, handler: nil))
  self.present(alert, animated: true, completion:
  nil)
 }
}
```

這樣 app 就可以邀請了。接著開始設定邀請內容與深處連結，並開始傳送邀請。

成功傳送邀請後，我們要在 app 內加入一些自訂的邀請接收管理程式，做法如下：

```
func application(_ application: UIApplication, open
url: URL, options: [UIApplicationOpenURLOptionsKey :
   Any])-> Bool {
```

```
      return self.application(application, open: url,
       sourceApplication:
      options[UIApplicationOpenURLOptionsKey
      .sourceApplication] as? String, annotation: "")
    }

    func application(_ application: UIApplication,
    open url: URL, sourceApplication: String?,
      annotation: Any) -> Bool {
      if let invite = Invites.handle(url,
        sourceApplication: sourceApplication,
        annotation: annotation) as? ReceivedInvite {
        // 待辦事項：處理邀請接收。
        return true
      }

      return GIDSignIn.sharedInstance().handle(url,
        sourceApplication: sourceApplication,
        annotation: annotation)
    }
```

 除非使用者連結他們的 Google 帳號，否則你無法傳送邀請。要瞭解如何提供
這種功能，請參考第 13 章，加入數據分析，將收益最大化。

工作原理

說明上面的程式碼：

1. 使用 AppInviteInvitation Firebase app intent 程式庫來建立新的
   intent。

2. 設定一些項目：

    1. setMessage() 方法：這個方法會加入 app 邀請訊息的內容。這
       個內容可在 SMS 與 email 中使用。我們也有其他的 email 傳送選
       項——使用 setEmailHtmlContent 方法：我們可以用它來提供
       email 的自訂 HTML 內容，這是真正可以自訂的。

2. setDeepLink() 方法：這個方法可讓我們加入深度連結。如果你提供它，它會使用自訂內容，並將它加到 app 邀請 SMS / email。

3. 最後用之前建立的 intent 來啟動 activity。

3. 在 onCreate 方法裡面監聽那個呼叫。當我們成功接收邀請時，會用深度連結直接執行要求的行為與擷取邀請。

接下來是 iOS 的食譜。

解釋一下剛才發生的事情：

1. 先設定使用者介面，接著綁定傳送程序。

2. 在委派呼叫中設定訊息、標題以及深度連結，接著打開邀請，來選擇想要傳送與邀請的人。

3. 在 inviteFinished() 函式裡面設定成功傳送邀請後要做的事情。在本例中，它是個簡單的提醒，你可以自行設定其行為。

4. 接收邀請後，綁定一般的行為。這個行為必須到位，當 app 接收邀請時，它會自動啟動，如果 app 被關閉了，就使用深度連結。否則，你會被引導到 app 商店，來下載 app。但是當你這樣做，且 app 在 iOS 裝置上啟動時，你會被直接導覽（navigated），這個動作很重要，因為這樣才可以保留 app 的 UX。

在 Android / iOS 實作主題訂閱

主題訂閱的意思從字面就可以知道。有時你不想要在新的 app 中，收到所有新訊息的通知。你可能想要看到最新且最重要的消息，或是想要知道今天的最佳遊戲，或你支持的球隊的當日新聞，這些體驗都可以用 Firebase 主題訂閱 API 來提供。

接著我們來看一下如何提供這種體驗給使用者，app 的 UI 各自不同，你可能已經有一個畫面可設定重要的新聞或體育活動或氣象了，但若要提供更好的功能，你可以讓使用者自訂標題或主題。

如果你想要訂閱的主題還沒有被加入 Firebase 或 app 負責處理的自訂主題，Firebase 主題訂閱功能可以聰明地建立一個新主題。

怎麼做…

我們來看一下這個食譜如何在 Android 上執行主題訂閱：

1. 新的 Firebase API 可讓你相當輕鬆地執行這個程序。要訂閱任何一種主題，你要執行下面的程式，它會轉換成設定網頁的按鈕按下或切換動作：

   ```
   FirebaseMessaging.getInstance().subscribeToTopic(
   "top-news");
   ```

2. 如果你想要取消訂閱特定主題，可以執行下面的程式碼：

   ```
   FirebaseMessaging.getInstance().unsubscribeFromTopic("top-
   news");
   ```

恭喜！你已經在 app 中成功訂閱 top-news 主題了。接下來的工作只是管理後端傳送程序，當推送通知訊息從後端送出時，你就會收到它們全部。

一如往常，食譜的下一個部分是在 iOS 上實作主題訂閱：

1. iOS 的程序也很簡單。想像一下，在 Firebase app 上，有一個設定畫面可訂閱所有主要的主題。但是，請記得，這些主題的建立與訂閱都是動態建立的，如果找不到主題，Firebase 會直接建立它。

2. 接著來看一下如何訂閱及取消訂閱主題：

   ```
   FIRMessaging.messaging().subscribeToTopic("top-news");
   ```

3. 如果我們想要取消訂閱，只要執行下面的程式：

   ```
   FIRMessaging.messaging().unsubscribeFromTopic("top-news")
   ```

接著你可以交給後端根據主題傳送通知，app 將會依主題收到通知。

工作原理

這項功能的概念相當簡單，我們要做的只是傳送一個主題式（theme-based）通知來停止垃圾通知。在做這件事時，要注意兩項功能：

- 訂閱特定主題：這項功能會儲存指定裝備所需的資訊，我主要是指註冊 ID 或辨識裝備的唯一安全令牌，並將它與請求同一個主題的其他安全令牌組成群組。從此之後，當 app 伺服器傳送通知時，只有要求訂閱該主題的使用者可以收到，而不是所有的使用者，無論它是定期的還是即時的。

- 第二個功能是使用者取消訂閱，這代表使用者會刪除他們在主題通知安全令牌群組裡面的唯一 id。所以，如果我們取消訂閱 "top-news" 主題，就不會收到與那個主題有關的任何通知了。

最適合擺放這種功能的位置是在一個特定的設定畫面，你可以在裡面放置所有的主題，來方便使用者訂閱與取消訂閱。

13

加入數據分析，將收益最大化

本章將討論以下的主題：

- 將 Firebase 數據分析整合到 Android / iOS app
- 在 Android / iOS 實作事件記錄
- 實作使用者屬性，來做資料與訪問群體篩選
- 將 Firebase AdMob 整合到 Android / iOS app
- 在 Android / iOS 上實作 Firebase AdMob 橫幅廣告
- 在 Android / iOS 上實作 Firebase AdMob 原生速成廣告
- 指定 AdMob 廣告的目標

簡介

恭喜！你已經製作了嶄新的 app 了。現在你可能想要獲得更多資訊，以掌握使用者的喜好，何不用 app 賺更多錢，作為你辛勤工作的回報？

Firebase 提供了這類的功能供你使用。我喜歡將端對端的數據分析系統、AdMob 集成及其他功能稱為預先完成的可動作 app 集成，它們至少可讓你用間接的方式聆聽使用者的意見。

本章將說明如何在你的 Firebase 行動 app 管理與實作數據分析與 AdMob 行銷活動。

將 Firebase 數據分析整合到 Android / iOS app

你可能聽過 Google analytics（數據分析）。當開發者或行銷人想要取得一些關於 app 使用者的數據，或收集非侵入性資料時，它是很好的工具。長久以來，這種強大的行動平台只是個夢想，但是現在 Firebase 提供了非常美觀且詳實的儀表板，你可以在 Firebase 專案主控台上找到它。這是我們可以在使用 Android Firebase 的 app 的 **Analytics** 中看到的畫面（圖 1）：

圖 1：應用程式區域的 Firebase Analytics

它會用一個很棒的圖表來顯示活躍使用者的資訊，讓你知道使用者來自哪裡，甚至他們使用哪種行動裝備以及 OS 版本。此外，藉由這種整合，我們還可以做更多事情，例如記錄事件、錯誤，或取得預先定義的使用者屬性。

怎麼做⋯

我們先來看一下如何設置 Android app：

1. 啟動 Android Studio，打開 `build.gradle` 檔。

2. 在目前的依賴項目下面加入這一行指令：

    ```
    compile 'com.google.firebase:firebase-core:11.0.4'
    ```

3. 儲存並同步，Android Studio 就會下載與設置你的專案了！

恭喜！你已經成功設置 Android app 來承載 Firebase 數據分析了。

接下來是在 iOS 上的做法：

我們使用 CocoaPods 來下載與組建 iOS app 內的樹狀依賴項目：

1. 打開 Podfile，在現有的依賴項目下面加入這個指令：

    ```
    pod 'Firebase/Core'
    ```

2. 在終端機裡面輸入這個命令：

    ```
    ~> pod install
    ```

它會下載並設置你的 iOS app！

> 你可以參考第 1 章，*初探 Firebase*，我們在那裡介紹如何使用 CocoaPods 與
> Firebase 設置 iOS app。

恭喜！你已經成功設置 iOS app 來承載 Firebase 數據分析了！

在 Android / iOS 實作事件記錄

當 app 開始傳送通常可在儀表板上看到的基本資訊後，代表數據分析開始執行了，我們就可以建立一個適合我們的 app 的事件。這些數據分析記錄永遠都是免費的，你可以利用它們來發揮創意，或保守一點，使用 Firebase 的預設事件，並取得它們的報告。

我們來看一下如何在 Android 與 iOS app 中整合這些可愛、充滿資料的事件。

怎麼做⋯

我們先來看看如何在 Android 記錄事件：

1. 先在 app 成功安裝程式庫，並選擇想要用來承載數據分析的 activity 類別，接下來與 Firebase 的所有寫法一樣，先從參考開始寫起：

   ```
   private FirebaseAnalytics fireAnalytics;
   ```

2. 接著在 onCreate 方法裡面，用這行程式抓取數據分析實例：

   ```
   fireAnalytics = FirebaseAnalytics.getInstance(this);
   ```

3. 抓取參考後，傳送一些記錄。

4. 選擇你想要將寶貴的數據分析資訊傳到哪裡之後，加入下面的程式來呼叫 logEvent() 方法：

   ```
   fireAnalytics.logEvent("cookbook_request", null);
   ```

5. 它會追蹤事件，不會傳送任何詮釋資料參數，為了傳送它們，我們將所有的東西包在一個 bundle 實例裡面。我們可以將想要的東西注入它。下面的程式是具體的做法：

   ```
   Bundle bundle = new Bundle();
   bundle.putString("book_name", "Firebase Cookbook");
   bundle.putInt("book_quantity", 1);
     fireAnalytics.logEvent("cookbook_request", bundle);
   ```

恭喜！我們完工了！這個資訊會在儀表板上即時串流傳輸。

接下來是如何在 iOS 記錄事件。

假設你已經在 iOS app 中設置所有必要的依賴項目，也設置好 app 來承載 Firebase 功能了，我們來看一下如何將這些了不起的數據分析記錄與報告加入 app：

1. 假設我們想要記錄書籍請求與數量，程式是這樣：

```
Analytics.logEvent("cookbook_request", parameters: [
  "book_name": name as NSObject,
  "book_quantity": quanity as NSObject
])
```

2. 你可以視你的需要，在 app 的任何地方做這種方法注入。所以請選擇你最想要加入資料，並注入想要的資料。它們位於 Project **Console | Analytics** 區域。

之前的食譜介紹了如何在 Android 與 iOS app 中整合 Firebase 數據分析以及與它互動。別忘了 Firebase 數據分析是完全免費且無限制的功能，可記錄與報告你的 app 的資訊，開始享受它帶來的好處吧！

實作使用者屬性，來做資料與訪問群體篩選

假設你想要找出喜歡 Marvel 或 DC 的新電影的人，或想要找到喜歡吃披薩的人。在 Firebase 數據分析區域的屬性（properties）區域可讓你自訂 25 種使用者屬性。

Firebase 已經有一些預先定義的使用者屬性了，例如性別、國籍等等。你可以在 https://support.google.com/firebase/answer/6317486?hl= enref_topic=6317484 找到所有預先定義的使用者屬性。

我們來定義一些使用者屬性，你要先選擇 app——就我而言，它是我的 Android app，但你可以選擇任何一個使用 Firebase 專案的 app——接著在 Firebase 專案主控台加入使用者屬性本身。做法是前往 **Project Console｜Analytics｜USER PROPERTIES** 標籤，按下 **NEW USER PROPERTY** 按鈕。接著你可以加入 **User property name** 與屬性 **Description**（圖 2）：

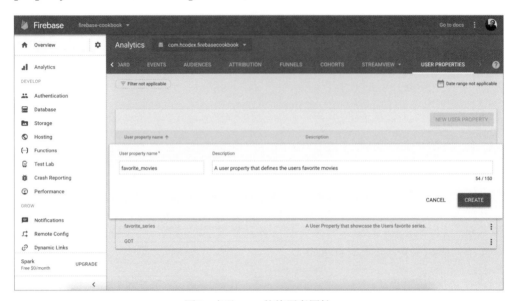

圖 2：加入 app 的使用者屬性

接著按下 **CREATE** 按鈕就完成了！

使用 Firebase 專案的所有 app 在上面的截圖中顯示資訊的方式都一樣，所以如果你有 Android app 與 iOS app，就必須為它們兩者建立使用者屬性，也就是說你可以在不同的環境下使用自訂的使用者屬性。

怎麼做⋯

我們先來看一下如何從 Android 傳送數據：

1. 在 Android Studio 抓取 Firebase 數據分析的實例：

```
private FirebaseAnalytics myMoviesAnalytics;
 myMoviesAnalytics = FirebaseAnalytics
  .getInstance(this);
```

2. 假設我們有一個 Spinner 下拉選單，可讓使用者選擇他們覺得今年最棒的電影。先讓你的類別實作 OnItemSelectedListener 介面，接著覆寫 onItemSelected 方法，這個方法會提供我們在建立 Spinner 清單時提供給 ArrayAdapter 的清單裡面被使用者選擇的項目的索引，它長成這樣：

```
@Override
public void onItemSelected(
AdapterView<?> parent, View view, position, long id) {
  // [*] 取得被選擇的項目。
  String movie =
 parent.getItemAtPosition(position).toString();
 myMoviesAnalytics.setUserProperty(
 "favorite_movies", movie);
}
```

使用者選擇他們最喜歡的電影之後，Firebase 實例會將所有新增的值自動送給所有使用者。寫這段程式後，我們就有個基礎模型可在 **Analytics** 儀表板上執行篩選請求了。

3. 做法是按一下 **Analytics** 儀表板標籤。接著按下 **Add Filter** 按鈕，再選擇 **USER Property** 選項。你可以看到所有的預先定義和自訂使用者屬性。選擇想要的選項後，你會看到一個重新整理後的儀表板，裡面只有你之前選擇的使用者屬性值數據。

恭喜！你已經成功設置 app 來承載自訂使用者屬性功能了。

接著我們要從 iOS 傳送數據：

1. 設置想要的使用者屬性後，我們要用 TableController 加入電影清單。
   為了取得被選擇的電影，我們在它裡面編寫 didSelectRowAt 函式，來取
   得被選擇的電影名稱：

   ```
    func tableView(_ tableView:UITableView,didSelectRowAt
   indexPath:
      IndexPath){
    let movie = self.moviesList(indexPath,row)
    Analytics.setUserProperty(movie, forName:
    "favorite_movies")
   }
   ```

2. 工作已經完成一半了。當使用者從清單中選擇喜歡的電影後，Firebase 數
   據分析方法可將那個值直接加到資料模型來篩選。做法是前往 Firebase
   Analytics 儀表板，按下 **Add filter**，接著選擇 **User Property** 並選擇想要
   的屬性與想要的值。接下來儀表板就會自動更新，顯示你用特性值指定的數
   據了。

恭喜！你已經成功設置 iOS app，來承載自訂使用者屬性功能了。

將 Firebase AdMob 整合到 Android / iOS app

AdMob 只要透過傳統的廣告就可以讓你的 app 有利可圖，與 Firebase 整合後，也
可以提供其他的服務，例如數據分析與更進階的數據，這讓 Firebase 與 AdMob 很
適合搭配使用。所以接下來的食譜將說明如何在 Android 與 iOS 裡面整合它們。

怎麼做…

我們先來討論如何在 Android app 中整合 Firebase AdMob：

1. 啟動 Android Studio 並打開 `build.gradle` 檔案。在目前的依賴項目下面加入這一行指令：

```
compile 'com.google.firebase:firebase-ads:11.0.4'
```

2. 儲存並同步，接著在 Android Studio 中下載並安裝必要的依賴項目，並設置專案。

3. 在主 Java activity 類別的 `onCreate` 裡面加入下面這一行，來用你的 AdMob app ID 初始化 AdMob 集成：

```
MobileAds.initialize(this, "<Admob-App-Id>");
```

這一行可讓你的 app 承載接下來要整合的東西。

 為了取得 AdMob app ID，你必須前往 Firebase Project **Console** | **AdMob** 部分，按下 **SIGN UP FOR ADMOB** 按鈕，並按照那裡的指示。

恭喜！你的 app 已經可以承載 AdMob 功能了！

接著我們要將 Firebase AdMob 整合到 iOS app 裡面：

1. 為了將 AdMob 整合至 iOS app，在 Podfile 內的依賴項目下面加入這一行：

```
pod 'Firebase/AdMob'
```

2. 打開終端機，輸入這個命令：

pod install

這個命令會下載並設置你的 iOS 專案！

 如果你想知道如何設置 iOS 專案與 CocoaPods，可參考*第 1 章，初探 Firebase*。

3. 接著要再加入一行程式，來完全設置 iOS app 的 AdMob。前往 app delegate switch 類別，在 didFinishLaunchingWithOptions 函式內加入下面的程式：

```
GADMobileAds.configure(withApplicationID: "<Admob-app-id>")
```

 為了取得 AdMob Application ID，你要前往 Firebase Project **Console** | **AdMob**，按下 **SIGN UP FOR ADMOB** 按鈕並按照那裡的指示。

恭喜！你已經設置好 app 來承載 AdMob 功能了。

在 Android / iOS 上實作 Firebase AdMob 橫幅廣告

橫幅廣告有各種大小，可放在各種地方，而且很容易編寫。AdMob Banners 提供了這類的功能，我們來看一下如何在 Android / iOS 加入 AdMob 橫幅廣告。

準備工作

按照之前的做法，在你的平台上下載 Firebase AdMob 並在專案設置它。

怎麼做…

我們先來說明如何在 Android 中製作 Firebase AdMob 橫幅廣告。

在 Android 上，這個程序分成兩個部分：

- 第一個部分是決定廣告的位置
- 第二個部分是使用了不起的 AdMob 特殊 ID 來設置橫幅

1. 先編寫下面的程式碼，在 UI 中設定廣告的位置：

```
<com.google.android.gms.ads.AdView
 xmlns:ads="http://schemas.android.com/apk/res-auto"
   android:id="@+id/adView"
   android:layout_width="wrap_content"
   android:layout_height="wrap_content"
   android:layout_centerHorizontal="true"
   android:layout_alignParentBottom="true"
   ads:adSize="BANNER"
   ads:adUnitId="<Admob_Unit_Id>">
</com.google.android.gms.ads.AdView>
```

2. 在 activity 裡面加入這些程式：

```
protected void onCreate(Bundle savedInstanceState) {
    super.onCreate(savedInstanceState);
    setContentView(R.layout.activity_main);
    bannerRef = (AdView) findViewById(R.id.adView);
    AdRequest adRequest = new
    AdRequest.Builder().build();
    bannerRef.loadAd(adRequest);
}
```

這樣就好了！

 上面的程式碼是在以手機進行測試的準產品環境中使用的。如果你使用 Android Emulator 的話，廣告不會出現。要顯示它的話，你要在 AdRequest 組建方法前面加入 addTestDevice(AdRequest.DEVICE_ID_EMULATOR) 方法，你就可以在模擬器上顯示與測試廣告了。

食譜的第二個部分要在 iOS 上實作 Firebase AdMob 橫幅。

在 iOS 上的程序很簡單，它也分成兩個部分：

1. 第一個部分是在 UI 上放置廣告本身。在 **Storyboard** 裡面加入一個視區，別忘了也設定適合你的尺寸。此外，別忘了將視區的自訂類別設為 GADBannerView，因為所有的廣告都會用這個輔助類別來顯示。

2. 匯入 GoogleMobileAds

3. 第二個部分是顯示廣告，要在真正的手機上測試。在你的程式碼裡面抓取視區的 `IBOutlet`。接著在 `viewDidLoad()` 函式裡面加入下面的程式：

```
@IBOutlet weak var bannerAddView: GADBannerView?
override func viewDidLoad() {
  super.viewDidLoad()
  bannerAdView.adUnitID = "<APP_UNIT_ID>"
  bannerAdView.rootViewController = self
  let request = GADRequest()
  bannerAdView.load(request)
}
```

這樣你的 app 就支援 AdMob 橫幅廣告了。恭喜！

上面的程式的用途是在實際的手機上做準產品環境測試用的，如果你使用 iOS 模擬器的話，廣告不會出現。若要顯示它，你要加入下面這行：

```
request.testDevices = [kGADSimulatorID]
```

加入這行之後，你就可以在模擬器之內的所有裝備上測試了。

工作原理

我們先來看一下在 Android app 上實作這個食譜的情形。

之前提過，這個程序分成兩個部分。我們來看一下剛才做了些什麼。

首先是在 UI 部分的做法：

- 我們呼叫了與廣告有關的 Adview UI 元素。在本例中，我們使用橫幅的那一個，它會定義指定廣告的尺寸或 `adSize`。接著在 `adUnitID` 特性裡面加入 AdMob 單位 ID。你可以在 Admob UI 取得這個 ID。

每一個網頁或 fragment 都有一個這種廣告單位 ID。如果你想要在 app 的每一個 fragment 中顯示廣告，就建立不同的廣告，並複製它們各自的 ID。

接下來是關於 app activity 的部分。

我們做了這些事情：

- 取得 UI 參考
- 建立與組建新的 Adrequest
- 將廣告載入到橫幅 widget

以上是 Android 的部分！

接著說明食譜如何在 iOS 實作 Firebase AdMob 橫幅。

我們在那個部分中做了這些事情：

1. 建立橫幅類型的 AdMob，並且取得廣告的單位 ID。

2. 將它連接到我們建立的視區，並將那個視區連結我們建立的廣告單位 ID。

3. 最後，將 Ad 載入視區。你可以採取額外的步驟，加入 testDevices 陣列，來提供測試 Ad 的裝備。

在 Android / iOS 上實作 Firebase AdMob 原生速成廣告

如果你的 app 在 Android 或 iOS 有新的 app 主題、背景或事件字體時，也可以訂作廣告，讓它符合 app 的風格。這個食譜將說明如何讓 app 支援 AdMob 原生速成廣告。我們開始討論吧！

準備工作

在開始之前，先按照之前談過的方式，在你的平台上，為專案下載與設置 Firebase AdMob。

當你在編寫 app 端程式碼時，也要用你的樣式來建立廣告單位。請記得，原生速成廣告可讓你根據 app 的外觀來自訂廣告。你只要使用純 CSS 就可以套用所有的樣式。

下面的步驟可在你的每一個 app 上執行，無論它是 Android app 還是 iOS app，程序都是類似的，而且很簡單。接著來看一下如何建立速成廣告：

1. 前往 AdMob 主控台，選擇你正在處理的 app。

2. 按下 **ADD AD UNIT**（圖 3）：

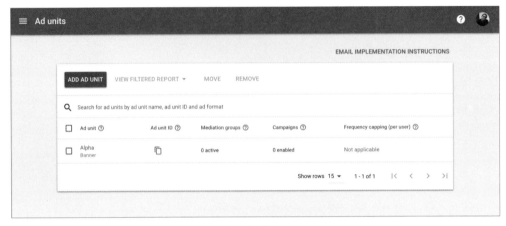

圖 3：加入新的 Ad Unit

3. 進入後，按下 **Native**，你會看到下面的畫面，接著按下 **GET STARTED** 按鈕（圖 4）：

圖 4：建立 Post AdMob 原生廣告

4. 接著根據 app 的需求來選擇廣告的尺寸（圖 5）：

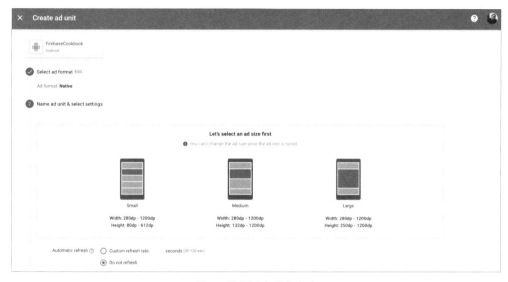

圖 5：選擇原生廣告大小

5. 接著選擇你要的設計，你也可以自訂它（圖 6）：

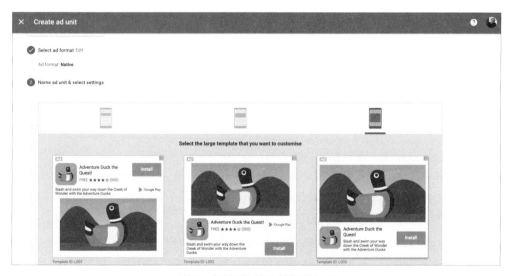

圖 6：自訂原生廣告模板與介面

6. 最後，在開始改寫 CSS 前，別忘了加入廣告單位名稱，並按下 **Save** 按鈕來建立你的廣告（圖 7）：

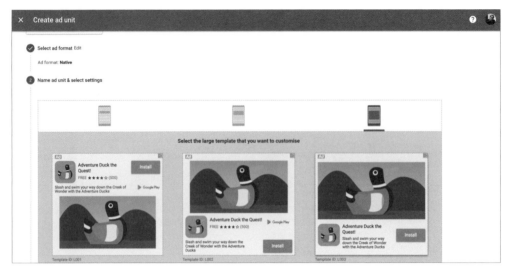

圖 7：改變 Native Ad 模板的 CSS 規則

這樣設置廣告的部分就完成了。

如果你有多個 app，就需要執行上面的程序。所以如果你有一個 Android app 與一個 iOS app，就要做類似的程序來支援這兩種環境。

怎麼做…

我們先說明如何在 Android 實作 Firebase AdMob 原生速成廣告，接下來再討論 iOS 的部分。

在 Android 上：

1. 我們只要在基礎程式上稍微做一些整合，就可以在 Android 製作原生速成廣告。類似橫幅廣告，我們只要在 UI 保留這種廣告的位置就可以了！

2. 在你的 activity 的 XML UI 程式碼中輸入下面的程式：

```
<com.google.android.gms.ads.NativeExpressAdsView
  android:id="@+id/nativeExpressAd"
  android:layout_width="wrap_content"
  android:layout_height="wrap_content"
  ads:adSize="400x400"
  ads:adUnitId="<Admob_Unit_Id>">
</com.google.android.gms.ads.NativeExpressAdsView>
```

3. 接著在 activity 的 Java 程式中輸入下面的程式碼：

```
protected void onCreate(Bundle savedInstanceState) {
super.onCreate(savedInstanceState);
setContentView(R.layout.activity_main);
NativeExpressAdView nativeExpress =
 (NativeExpressAdView)findViewById(
         R.id.nativeExpressAd);
 AdRequest adRequest = new
 AdRequest.Builder().build();
 nativeExpress.loadAd(adRequest);
}
```

這樣就好了！你只要組建 app，啟動它，就可以享受新的原生速成廣告了！

iOS 的程序也很簡單，它也分成兩個部分：

1. 先換掉廣告本身。在分鏡腳本（storyboard）中加入一個視區並指定尺寸，接著將視區的自訂類別設成 GADNativeExpressAdView。這樣你就可以用 helper 類別來顯示所有的廣告了。

2. 抓取該視區的 IBOutlet。在 viewDidLoad() 函式內加入下面的設置：

```
@IBOutlet weak var nativeAddView: GADNativeExpressAdView?
 override func viewDidLoad() {
 super.viewDidLoad()
  nativeAddView.adUnitID = "<APP_UNIT_ID>"
  nativeAddView.rootViewController = self
  nativeAddView.load(GADRequest())
 }
```

信不信由你，這樣就完成了！

工作原理

接著來討論上一節發生的事情：

1. 建立自訂的廣告，用簡單的 CSS 來訂製它。確定一切都沒問題，並且符合我們的需求後，儲存它，並取得代表它的 AdUnitId。

2. 建立 Android 與 iOS 的 UI，並將它放在 app 內想要的位置。

3. 根據支援的環境來顯示原生速成廣告。

恭喜！現在你的 app 已經支援原生速成廣告功能了。

指定 AdMob 廣告的目標

應用程式可以廣泛地瞭解使用者的性別、年齡、地區及其他資訊。根據多項資訊來鎖定用戶群可顯著改善 app 的使用者體驗。這個食譜將說明如何在 Android 與 iOS 加入這種功能。

準備工作

按照之前的說明，在你的平台上下載 Firebase AdMob，並設置專案。

怎麼做…

我們來看一下如何在 Android 製作這種功能：

1. 我們的目的是在 AdRequest 組建物件加入新的篩選詮釋資料，並使用 setGender() 方法來指定性別，用 getLocation() 來指定位置。

2. 這種設置適用於每一種情況與案例。無論廣告類型是什麼，它們的概念都很像，所以下面是簡單的成品程式碼：

```
AdRequest request = new AdRequest.Builder()
  .setGender(AdRequest.GENDER_MALE)
  .build();
adView.loadAd(request);
```

`AdView` 代表你的廣告將會是橫幅還是媒體影片或事件，本書未討論的其他廣告類型也採取相同的概念。

接著我們來瞭解如何在 iOS 實作它：

- iOS 的概念相當簡單。你只要在 `GADRequest` 加入更多詮釋資料，並修改那裡的 **enum**，包括性別與生日等等。寫法如下：

```
let request = GADRequest()
request.gender = .male
adView.loadRequest(request)
```

這裡的 `adView` 是你已經建立並抓取 **IBOutlet** 的視區元件。它可以是橫幅或是 `Admob` 提供的任何其他廣告類型。

工作原理

我們來討論上面的程式做了些什麼：

1. 建立一個廣告，並使用支援的 **enum** 來傳入更多詮釋資料。

2. 接著將 AdMob 請求載入廣告視區。

3. 根據 app 帳號的設置，廣告只會顯示給男性的 app 使用者觀看。如果你將它改成女性，就只有女性使用者看得到廣告。

你可以在這裡查看 iOS 的 enum 支援的性別：`https://developers.google.com/admob/ios/api/reference/Enums/GADGender` 和在 Android 的 `https://developers.google.com/android/reference/com/google/android/gms/ads/AdRequest.Builder`。

恭喜！現在你的 app 可以支援廣告目標鎖定功能了。

Firebase Cloud FireStore

在過去六年間，Firebase 的產品不斷演進，而且藉由整合 Google，它變得比之前還要強大。這種強大的能力代表目前的產品的限制，例如 Realtime Database，在理論上有一些延展性。有時開發人員不太理解如何用它來單純儲存資料。

受 Google 強大的資料庫架構支援的 Firebase Cloud FireStore 是具有延展性、彈性與資料管理能力的解決方案。它與早期的模型不同，以下是它強大的特點：

1. 關於資料結構描述的外觀與感覺，Cloud FireStore 與舊的 Realtime Database 相較之下更有組織與結構化。這種差異可讓開發人員更容易思考與感受如何儲存與使用資料。這本身就是一種顯著的變化。

2. 在 Database 的範圍內，Cloud FireStore 比 Realtime Database 還要穩健，也比較具有縮放性。

3. 它有一個考慮效能來打造的查詢系統，也就是說，你只會取得想要尋找的東西。它有一個可鏈結的穩健查詢系統，只要使用簡單的查詢指令，就可以取得想要的資料。

4. 它可即時提供全面支援，也就是說，Firebase summit 上的所有東西都是即時的。

    1. 與 Firebase Realtime Database 很像，Cloud FireStore 也可在 web app 使用服務工人來提供離線功能，並且有許多技術讓資料在工作時保持同步。因為它有穩定的網際網路連線，所以可以做到這些事。

5. 像 Cloud Firestore 這種 Firebase 產品有一種很特別的地方在於它處理身分驗證、授權與 Cloud Function 的優秀能力。

所以，結論是，比較新的系統可提供更多的可伸縮性、可維護性，以及更多的 app 功能。在寫這本書時，Firebase Cloud FireStore 還是 beta 版，或許可為 Firebase Data Manager 提供相當可靠的未來。

索引

Firebase 開發實務

作　　者：Houssem Yahiaoui
譯　　者：賴屹民
企劃編輯：蔡彤孟
文字編輯：王雅雯
設計裝幀：張寶莉
發 行 人：廖文良

發 行 所：碁峰資訊股份有限公司
地　　址：台北市南港區三重路 66 號 7 樓之 6
電　　話：(02)2788-2408
傳　　真：(02)8192-4433
網　　站：www.gotop.com.tw
書　　號：ACL052700
版　　次：2018 年 08 月初版
建議售價：NT$450

國家圖書館出版品預行編目資料

Firebase 開發實務 / Houssem Yahiaoui 原著；賴屹民譯. --
初版. -- 臺北市：碁峰資訊, 2018.08
　　面；　公分
譯自：Firebase Cookbook
ISBN 978-986-476-879-0(平裝)
1.系統程式　2.電腦程式設計
312.52　　　　　　　　　　　　　　　　107012483

讀者服務

- 感謝您購買碁峰圖書，如果您對本書的內容或表達上有不清楚的地方或其他建議，請至碁峰網站：「聯絡我們」\「圖書問題」留下您所購買之書籍及問題。(請註明購買書籍之書號及書名，以及問題頁數，以便能儘快為您處理)
http://www.gotop.com.tw

- 售後服務僅限書籍本身內容，若是軟、硬體問題，請您直接與軟體廠商聯絡。

- 若於購買書籍後發現有破損、缺頁、裝訂錯誤之問題，請直接將書寄回更換，並註明您的姓名、連絡電話及地址，將有專人與您連絡補寄商品。

- 歡迎至碁峰購物網
http://shopping.gotop.com.tw
選購所需產品。